《鲜味的秘密》节目组 著

鲜味的秘密

The Secrets Of Xian

中国轻工业出版社

图书在版编目（CIP）数据

鲜味的秘密 /《鲜味的秘密》节目组著 . — 北京：
中国轻工业出版社，2020.5

ISBN 978-7-5184-2913-4

Ⅰ . ①鲜… Ⅱ . ①鲜… Ⅲ . ①饮食 – 文化 – 中国
Ⅳ . ① TS971.2

中国版本图书馆 CIP 数据核字（2020）第 036843 号

责任编辑：王晓琛　　责任终审：劳国强　　整体设计：锋尚设计
策划编辑：王晓琛　　责任校对：晋　洁　　责任监印：张京华

出版发行：中国轻工业出版社（北京东长安街6号，邮编：100740）

印　　刷：北京博海升彩色印刷有限公司

经　　销：各地新华书店

版　　次：2020年5月第1版第1次印刷

开　　本：720×1000　1/16　印张：11

字　　数：200千字

书　　号：ISBN 978-7-5184-2913-4　定价：58.00元

邮购电话：010-65241695

发行电话：010-85119835　传真：85113293

网　　址：http://www.chlip.com.cn

Email：club@chlip.com.cn

如发现图书残缺请与我社邮购联系调换

181237S1X101ZBW

鲜、鲜味、鲜味科学，虽然这是地球人每天触及的物质、感觉和科学知识，但若真要细究还是很少有人能正确认知和表达的。

鲜是什么？鲜来自哪里？为什么说鲜味是人类的第五种基本味觉？鲜是营养元素吗？鲜对生命和生活有益吗？鲜味物质如何影响人类对食物的加工和食物品质的鉴别？鲜味工业在食品工业体系中是什么地位，鲜味产品在烹饪业中有什么作用？这些看似日常平淡的问题，如果做一次社会调研，可能人们知晓的程度远低于对离子、原子、宇宙、星球、生物、微生物的理解和认知。

在一个文明高度发达的时代，人类对美好生活的渴望和企求更加迫切，美好生活的标准也随时代发展和科学知识的进步而提高。特别是伴随鲜味科学、营养科学、生命科学的新发现，人们从吃不饱到温饱足、从温饱足到要吃得好、从吃好再到吃出大健康，不觉间已经跨越了好几个台阶，形成了从温饱、营养到健康这样三个美好生活的标准。

人类从远古一路走来，一直将"民以食为天"奉为生活至高无上的信条。从茹毛饮血到食不厌精，跨越了上百万年的时间。从最初认识到"咸"是人类的基本味觉，到最近20多年前，认识到"鲜"是人类的第五种基本味觉，这期间也有上千年的探索。从食物保存过程中腐败变质变性变味的现象，到利用自然条件和微生物制成各种发酵和酿造食品，人类发展过程中从未停止过对鲜和鲜味的求索，经年累积的知识形成了鲜味科学学科。大多数人对这些过程和规律仍是茫茫然，不知其所以然。

本人四十多年来从事鲜味科学的研究和探讨工作，将鲜味科学的原理应用于工业实践，实现了"让十三亿人尝到更鲜美的滋味"的宿愿，也萌发了要让更多人了解鲜味的秘密的想法。

承蒙中国农业电影电视中心的大力支持和中经全媒体在制片上的密切

配合，《舌尖上的中国》第一季导演杨晓清作为《鲜味的秘密》总导演组建创作团队，带领大家以饱满的激情投入这一全球首部详尽探索鲜味科学和历史文化的纪录片创作。尽管这部科学纪录片面临很多难题和挑战，但摄制团队不辞辛劳，历经2年，寻踪7个国家。从田野到大学，从形形色色的餐厅到食品研究机构，乃至从古至今，一个个故事娓娓道来，雅俗共赏，为我们呈现出大量前所未见的美景美食、闻所未闻的趣闻秘录。更可贵的是，运用多种艺术表达，将其生动通俗地演绎出来。就好像剥洋葱一样，一层一层揭开食物的微观世界隐藏的鲜味秘密——从蛋白质到鲜味肽、鲜味氨基酸、呈味核苷酸等。

《鲜味的秘密》也不回避网络质疑和一些伪科学的奇谈怪论，用经过几十年、十多亿人消费的大量实践事实证明了真正的科学结论。

可以自豪地说，这部鲜味纪录片，同时也是一部鲜味领域从未有过的生动"教科书"，首次记录了人类探索鲜味的历程，这无疑是具有全球首创重要意义的。当然，由于是第一次，必然带着浓浓的新鲜和好奇，由于是第一次，也难免有疏漏和偏颇。

非常感谢中国轻工业出版社，在这部纪录片的基础上，重新进行艺术加工，为我们呈现出一部兼具科学性和人文性的饮食文化作品。

人类对美好生活的追求永无止境，对科学的探索同样永无止境，而《鲜味的秘密》——无论是这部6集纪录片，还是即将面世的这本书，都仅仅是一个开篇。

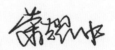

中国食品工业协会（第七届）副会长

作为一个民以食为天的国度，中国历来都有很多以美食为题材的影视作品，特别是《舌尖上的中国》开创性地把美食和人的故事结合在一起后，更成为大众美食类节目效仿的对象。2018 年，中国农业电影电视中心（"农影智造"）在 CCTV-7 和优酷视频同步推出了新美食科学纪录片《鲜味的秘密》。这部纪录片以其创新的手法、丰富新鲜的知识性内容、制作精良的国际面孔赢得了广泛关注，收视率、点击率均取得不俗成绩，可以说这是继"舌尖"之后美食纪录片创作的一次探索和突破。

将食物之"鲜"演绎得如此鲜活灵动，绝非一日之功。作为全球首部详尽探索"神秘第五味——鲜"的纪录片，《鲜味的秘密》不仅在微观世界的分子层面揭示了鲜味的科学本质，更有纵观百万年的鲜味历史和涵盖欧亚 7 国的地域文明和饮食文化，从而呈现出"人类餐桌"万千年的丰富变化和无尽可能。在泛娱乐化的今天，主创团队能够排除众多困难和障碍，耐住寂寞，沉下心来，认认真真去学习、吸收，把相对枯燥冷门的科学知识，转化成非常接地气的人间烟火，并用生动鲜活的方式表达出来，在带领全民科普、回归理性思考和认知这个层面，起到了媒体应有的启发和引领作用。

不同于《舌尖上的中国》的立意和视角，《鲜味的秘密》突破了舌尖以"挑动味蕾和引发乡愁"为主的表达模式，引领观众从食色和情感层面的共鸣，上升到更为广阔的认知和思考空间。

《鲜味的秘密》不仅给大众普及了鲜味科学知识，还呈现了亚欧 7 国丰富的地域文明和饮食文化，比如法国的奶酪文化、鱼子酱在俄罗斯的历史、日本的高汤文化等。特别值得一提的是，《鲜味的秘密》还对中国传统饮食文化进行了深入的挖掘和回溯。比如对孔子"食不厌精、脍不厌细"八字饮食观的深入解读、对中国浪漫主义文学鼻祖屈原在《楚辞·招魂》中美食清单的挖掘等，并以非常艺术的方式呈现出来。这就高度契合了习近平总书记反复强调的树立大国文化自信的精神。

中国传统思想文化体现着中华民族世世代代在生产生活中形成的世界观、人生观、价值观和审美观，其中核心的内容已经成为中华民族基本的文化基因。而要传承和发展好自身文化，首先就要保持对自身文化价值、文化创造力的深刻理解和高度信心。《鲜味的秘密》正是在创作中，通过鲜活的人物故事，把传统文化，像润物细无声的春雨播洒到民众的心中，而文化自信的树立，也正是这样一点点建立起来的。我想这也是我们作为一个主流媒体，在深入贯彻党中央关于大国自信、文化自信方面应有的担当和责任。

《鲜味的秘密》是中国农业电影电视中心又一部有影响力的纪录片佳作。作为国家级对农专业媒体和中国现实题材纪录片的重要生产基地，中国农业电影电视中心（"农影智造"）始终致力于打造符合时代主旋律的电视纪录片，并在深入贯彻党中央关于传播中华文化，讲好中国故事，做好国际传播等方面肩负起媒体人应有的社会责任和使命担当。我为农影中心出品这么优秀的作品而骄傲，向主创团队致敬！感谢他们的付出！

我要特别感谢本片的投资方和出品方上海太太乐食品有限公司和上海东锦食品集团有限公司，以及同样是出品方之一的北京中经文广国际广告有限公司。同样要感谢的还有中国轻工业出版社，没有他们独到的眼光和不忘初心的使命感，就没有《鲜味的秘密》这本图文并茂的精品图书的出版。

傅雪柳

中国农业电影电视中心总编辑

我们对食物的爱，源自对味道的渴望。

在所有感官中，味觉带给人的愉悦大概是最多的，但也最不为人所了解。我们是如何品尝出味道的呢？

秘密就藏在口腔中的近万个味蕾上。每个味蕾都聚集着一堆味觉受器细胞，它们就像灵敏的雷达，分别侦测出某一种特定的基本味道，再传递给大脑。但整个过程仅需 1.5 ~ 4 毫秒，是所有感知中最快的。

流过舌尖的"千滋百味"源自五种最基本的味道，即人们常说的五味。但它们的存在有着比取悦感官更重要的意义。

甜味来源于碳水化合物，为生命提供能量；咸味暗示着矿物质和盐分的存在，确保细胞器官的正常运作；酸味能促进食欲，也让我们远离不成熟的水果；苦味主要来自生物碱，多数有毒，因此苦味可以说是某种警示。

强烈刺激的辣却并不是真实的味道。当食物中的辣椒素刺激到神经时，所产生的灼痛感便是辣。但辣总能触发我们自虐的快感，令人欲罢不能。

酸甜苦咸之外的第五味是一个独特而又微妙的存在。它隐含在不同食物的多层次风味中，这就是鲜。

2000 年，科学家首次发现了存在于味蕾上的鲜味受器细胞，鲜被正式确定为第五味。

虽然最晚被承认，但鲜的存在由来已久。

五味的灵魂是鲜。它最美妙，但也最不为人所知。不同于明显可感的酸甜苦咸，"鲜"有太多张面孔，充满了复杂和暧昧。

鲜是神秘的第五味，在其扑朔迷离的表象下，有一个万变不离其宗的本尊吗？

那些世界上以美食著称的地区，无不对鲜味有着独特的理解和追求。探寻鲜味的秘密，从这里起航。

目录 鲜味的秘密 /

1

鲜味的
秘密／

鲜味国度

∧

烹饪是活色生香的鲜味魔术，而中国是世界上最大的烹饪王国，这个信奉『以食为天』的民族，在上千年里，不仅创造了无以穷尽的美食，而且蕴藏着令人惊叹的文化内涵。现在，让我们深入这个古老的鲜味国度。

扫一扫看精彩视频

鱼羊之鲜

　　这片油画一样的平原，位于新疆干旱大陆上最湿润的地带——伊犁河谷。旷野的阡陌上，有人自远道而来。

　　袁巧玲夫妇在200公里外的新疆伊宁市开着一家餐厅，鱼是最重要的食材之一。因正在修路，他们已经开了3个小时，还没到目的地，袁巧玲丈夫说："路难走，鱼好吃就行。长途跋涉，今天一定要把野生鱼买上。"他们所到之处，是新疆最大的河流——伊犁河的上游，这里雨水充沛、溪流纵横，野生鱼资源非常丰富。

▼位于伊犁河谷的美丽平原

▲伊犁河具有丰富的野生鱼资源

▲袁巧玲夫妇看中了两条白鲢和两条鲤鱼，都是纯纯的野生鱼。鱼鳞摸上去发涩，是在水中岩石上蹭的

今天珍贵的野生鱼资源，同样是几千年前备受祖先青睐的食物。现在，让我们回到6000年前的半坡社会。

定居在黄河河谷的先民以狩猎和捕鱼为主要生计，鱼成为古老陶器上的常见题材。最早的"鲜"字就是由三条鱼组成。

▲以狩猎和捕鱼为生的祖先

▲古老陶器上的"鱼"花纹

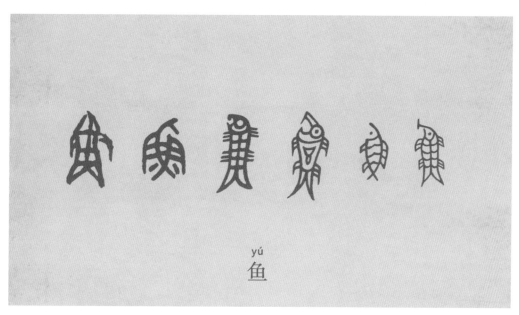

yú
鱼

▲甲骨文和金文中的"鱼"字

　　鱼或许就是祖先们最早尝到的鲜味食物。后来，人们学会了驯养动物，畜牧业大发展。相对于水中之鱼，羊更易饲养，很快，羊就成为人们大爱的养生之食。

羊大为美，"美"不仅是对羊外表的赞叹，更源于对羊的鲜味感受。"羊"与"火"组成"羔"，它的肉鲜嫩可口。把"美"和"羔"放在一起，就得到了肉汤的名字"羹"。"鲜"字也从三条鱼演变为"鱼""羊"的组合。

▲ 这个中国绵羊的古老形象，来自6000年前的一块陶片，与真羊形似

▼ 这些是最早表示"羊"的文字

yáng
羊

gāo
羔

▲ "羊" + "火" → "羔"

měi
美

gēng
羹

▲ "羊" + "大" → "美" ▲ "羔" + "美" → "羹"

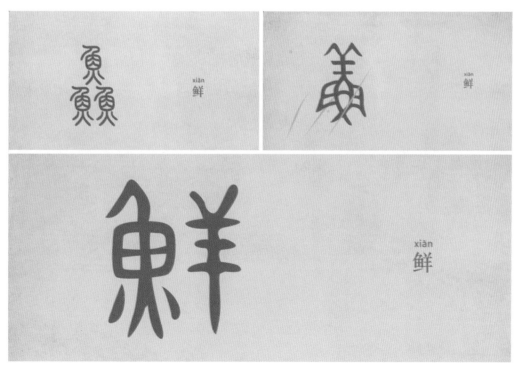

xiān
鲜

xiān
鲜

xiān
鲜

▲ "鲜" 字的演变

伊犁州的活畜大巴扎（"大巴扎"是维吾尔语，意为集市、农贸市场），每逢周六迎来最喧嚣的一天。各种牲畜从远郊和县城颠簸而来。偌大的交易空场，被挤得满满当当。羊是整场集市的主角，因为在新疆，它们是最受青睐的肉食。

　　袁巧玲夫妇是这里的常客。

▲从各处运往交易场的牲畜

▲伊犁州的活畜集市

夫妻俩的火锅店开在一条僻静的小巷中，但四方食客总是慕名而来。因为这里有一锅非同寻常的"鱼羊鲜"。

一个"鲜"字，在烹饪大国激发出无穷的想象和创造，但鱼羊合烹真的能轻易得到鲜味吗？清炖的鱼羊肉，汤汁看上去很漂亮，奶白奶白的，几乎没人吃肉，因为受不了腥味和膻味。

▲鱼羊合烹这道菜有多种形式：有羊片和鱼片溜片的；有羊肉块与整条鱼烧在一起的；还有将羊排煮好后，用汤烧鱼圆……

▼羊肉块和整条鱼一起烧的鱼羊鲜

▲准备鱼羊合烹的食材

▲制作鱼羊鲜需要用到的调味料

　　这些来自不同植物的果实枝叶（调味料），瘦小干枯、毫不起眼，但在700多年前，它们是世界上最贵的商品之一。因为这个特殊的"家族"能够满足人类挑剔的味蕾：抑制不愉快的味道，进而形成美味。袁巧玲也要依赖它们扭转局面。

　　辣虽不是味道，但它的刺激能使味蕾更为敏感活跃。因此，辣椒在调味中常扮演重要角色，而制作鱼羊鲜的汤锅里就有辣椒。另外，添加甘草可以起平衡作用，有回甘的味道。袁巧玲用的这些料特别普通，最核心的是比例问题。配料过程充满未知，每一味料的增减都可能带来完全不同的口感。袁巧玲经过上百次的实验和反复地对比比例，才做成今天的味道。

　　袁巧玲的尝试，也正是古今所有厨师们走过的摸索之路。他们将不同味道排列组合，创造了千姿百态的鲜。然而，这诱人的第五味的存在，仅仅是为了满足味蕾的快感吗？

烹饪的衍化：从火烤到水煮

　　在新疆，烤羊肉是最有名的美食之一。动口之前，香气就已经直抵人心，令人垂涎。今天，烧烤只是我们获取美味的手段之一，简单而又轻松。但在170万年前，却意义非凡。

　　那是一个危机四伏的世界，此时的直立人刚刚学会取火。火驱散了夜晚的寒冷，隔绝了猛兽的威胁，更奇妙的是：它能烤熟食物。这些直立人由茹毛饮血的古猿进化而来，现在，他们尝到了一种前所未有的滋味，它来自蛋白质。

　　蛋白质由氨基酸组成，是生命最宝贵的能量元素之一。但是，不经加热或特殊处理，大型蛋白质分子就好像上了锁的宝箱，既没有滋味，也很难获得其中的营养。

▼直立人借助火烤食物进食

火犹如开启宝箱的钥匙，在热力驱动下，蛋白质分解、释放出游离氨基酸和多肽等小分子，它们携带着一种美妙的滋味——鲜。

我们之所以天生具备尝出鲜味的能力，不是为满足味蕾，而是凭借本能选出最为营养并利于繁衍的食物。人类生命的延续，最重要的是依靠蛋白质。熟的食物的蛋白质结构更容易被我们吸收、消化。

170万年前，我们的祖先几乎受制于所有强大邻居。但用火熟食后，戏剧性的逆转就此展开。熟食导致人类体质强健、并进化出较大的大脑，赢得了一张关键王牌——智力。同时，进食和消化的时间大大缩短，当其它大型猿猴还在不停咀嚼的时候，我们的祖先开始向更多领域探索。最终，微观世界里看不见的推手，帮助人类在演化的赛跑上战胜了所有强大的对手。

茹毛饮血的南方古猿进化到能人和直立人，经过了近400多万年，而吃烤熟食物的直立人，不到100万年就演化为智人。伴随食品加工的进步，进化提速，并不断优化着每一个重要指标。

火烤就是最早的烹。人类饮食在孤独的火堆上延续了100多年后，终于迎来了一个新的革命性进步。

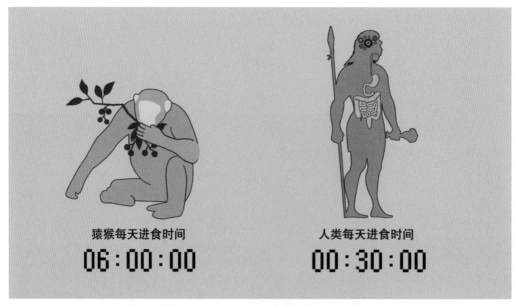

猿猴每天进食时间
06:00:00

人类每天进食时间
00:30:00

▲相比于猿猴，人类每天进食时间大大缩短

在距今一万年前后的新石器时代，一个重要发明诞生了——陶器。食物被放进陶罐里加水煮，在汤中诞生了宝贵的水溶性蛋白，营养和鲜味元素的释放比火烤增多了数倍。

汤也让人们对鲜的味觉体验更加清晰。烤的时候鲜味和香味混合在一起，以香味为主；但是一旦有了水煮食物，呈鲜味的蛋白质在汤里便被最大限度地呈现出来。

中国国家博物馆的青铜展厅，大盂鼎沉静地伫立着。它是青铜时代具有最高审美价值的艺术品之一。

在3000年前的中国，鼎是祭祀神灵的高贵礼器，但同时，它还有一个充满烟火气息的功能。以鼎为代表的青铜器，首先是烹饪器具，所以才会叫调鼎。肉则在鼎里进行烹饪。

鼎被做得足够大，可以煮整只的牛羊和鸡鸭，食物混煮，"五味的调和"由此诞生，蛋白质分解也更加充分，浓缩了精华的肉汤变得异常鲜美。俗话说，"肉烂在锅里"，而现在我们说"肉烂在汤里"。长时间熬煮之后，肉不好吃了，汤倒好吃了。于是，分一杯羹，舀出来。不过，这鲜美的羹并不是普通百姓能分到的。它们常常是庆功宴上王对有功之臣的奖赏。而烹煮出美味的大鼎，也一并享有了高贵的身份。

鼎，最终化身为象征王权的国之重器。虽然它早已退出烟火灶堂，但中国的烹饪却一路向前。鲜为人知的是，催生锦绣美食的第一动力，却并非人世间的享受。

▲大盂鼎

▲鼎，象征王权

祭祀推动中国美食的诞生

曲阜是山东西南部的一座小城。在遥远的春秋时代，它曾是鲁国的国都，因孔子故里而闻名于世。

每天清晨，曲阜以古老的开城仪式迎接当天的"朝圣者"。身着汉服的年轻人演绎着3000年前周朝的贵族教育——培养君子的六项才艺，简称"六艺"。

古老的城墙下是千百年积淀的文化表达。这种表达早已成为很多曲阜人生活中的一部分。

刘海洋是曲阜香格里拉大酒店的中餐行政总厨。他要在另一个"舞台"上展开自己的表达。

后厨房里，刘海洋和他的团队尝试用六道凉菜体现"六艺"的文化内涵。他们希望能跳脱传统菜肴的格局，凭借创意与想象，展现出食材丰富的可能性。

▼曲阜的开城仪式

1、2 六艺——御。一枚枚普通大枣，在厨师的巧手下，就可以穿越千年，化身为孔子时代的车轮，表达六艺中的"御"

3 六艺——数。八卦形状的"数"的凉菜，客人基本都会眼前一亮，这代表阴阳五行，是"数"的另一种含义

4 六艺——礼

5 六艺——书。象征"书"的凉菜，结合了"蔬菜之王"芦笋和"菌中皇后"竹荪，分别富含氨基酸和核苷酸，堪称鲜味的皇家级搭配

无论形似还是神似，对厨师来说，有一个追求始终不变，那就是味道。

　　精致的食材，高超的刀工，似乎正契合了孔子所说的"食不厌精，脍不厌细"。耳熟能详的八个字，真实的本意却并不为多数人知道。"食"就是一碗饭，"精"就是完整的米粒。将带壳的谷物放到食臼里舂，有一些就打成粉了。"脍"就是生牛肉，孔子时代没有锋利的钢刀、片刀，只有青铜制的刀。即使再认真地切，一片肉大概也要100克。可以想象，这八个字，在春秋时代，绝非普通百姓能讲究起的，也不应该是孔子对自己饮食的追求。孔子曾说"君子谋道不谋食"，2500多年前，提倡"安贫乐道""饭疏食饮水"的孔子为何会说出"食不厌精，脍不厌细"这八个字？

　　每天，孔庙大成殿都会上演一场祭祀礼仪。春秋时代，周室衰微，礼崩乐坏，作为礼乐文明的最后守望者，孔子游行天下，毕生理想就是恢复周礼。而最大的礼就是祭祀。祭祀的重要内容之一就是拿出精心制作的美食奉献给祖先神灵，传递世人的敬畏与感恩。

▼孔庙大成殿，祭祀孔子的中心地

祭祀的时候，孔子说了"食不厌精，脍不厌细"这八个字，即供奉祖先要追求精细和完美，如此才能得到祖先的保佑，祭祀的目的也就达到了。

　　在距今久远的时代，祭祀就有力地推动了中国美食的诞生。人们为了体现对祖先的虔诚，供品越来越讲究，一路追求，终于在人间造就一门鲜味的艺术。

　　孔子的后代将这门艺术发挥到了极致，在"天下第一家"的豪门，诞生了独具一格的孔府菜。尽管菜品琳琅满目，但关键的调鲜秘籍是一道汤。

　　对于做孔府菜的刘海洋来说，后厨房里有一件最重要的事情——准备高汤。刘海洋每天会很早过来，就是为了那锅汤。一锅高汤的准备在一个人的厨房展开，这是为一天中所有菜肴奠定鲜味基础的重要时刻。

▼孔府菜

1

　　从古至今，全世界的大厨们在各自摸索下都不约而同地发现了一个提鲜秘籍——高汤。高汤是做菜的魂，一招"鲜"，吃遍天。

　　孔府的历代厨师，从经年累月的实践中，挑选出肥硕而年老的鸡鸭作为孔府三套汤的首选食材。它们的氨基酸含量超出很多肉类，这正是形成鲜味的核心物质，但并非唯一。加入干贝，汤的鲜味会放大数倍，而这神奇的效果来自于干贝中的核苷酸。

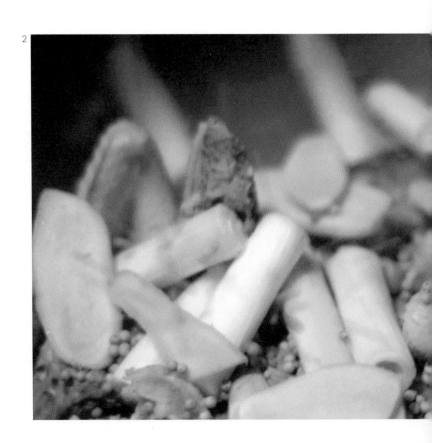

2

上千年来，就算对分子概念一无所知，世世代代负责掌厨的人，都能凭借直觉，搭配出引爆鲜味的协作团队。剩下的一切，都要交给时间。

一锅高汤的诞生，要历经厨房中几度烟火交织的繁忙。长久熬煮和不停搅拌，分解了肉类中的大部分蛋白质，鲜味元素充分释放。

高汤是孔府佳肴背后的秘密，更是浓缩了中国数千年鲜味文化的经典符号。

厨房是厨师挑战自我的地方。孔府扣肉如出一辙的刀工体现了儒家文化的中规中矩，但鲜味的升级却需要不拘一格。

告别儒家文化，鲜味旅程的下一站是塑造了中国人另一种精神气质的长江流域。

1 高汤是厨师们的提鲜秘籍
2 提鲜的各种香料
3 孔府扣肉如出一辙的刀工
4 孔府扣肉。白灵菇和虫草花属于菌类，自身有鲜味，烤干的雪菜能把多余的油分全部都吸收到原材料里，使孔府扣肉吃起来不肥不腻，更加鲜美

江上人家的盛宴

　　西陵峡两岸的湖北秭归即将迎来每年最热闹的一天，龙舟队在抓紧最后的排练。端午是中国人特别看重的节日，但在秭归又格外不同，因为这里是屈原的故乡。

　　彭洪国和谭家银夫妇生活在船上，为了准备端午家宴，特地去县城买了新鲜的食材。

　　中午时分，彭洪国的父母来到夫妻俩的船屋。在秭归，端午是最大的节日。

▼秭归的龙舟队

富含蛋白质的鲜美肉食向来是节日餐桌上的经典，但在端午节只能做配角，唱主角的则是粽子。

端午食粽的习俗，始于晋朝。但在此之前，粽子已存在了1000多年，最初被当作祭祀的贡品。包裹而成的尖角象征牛角，用来替代作为祭品的宝贵耕牛。

后来，粽子走下祭坛，人间又平添一道美食。糯米含有丰富的蛋白质，丰富的鲜味基础结合芦苇或竹叶的清香，成就了粽子的特有之鲜。

粽子在中国流传了上千年，深入人心的不仅仅是味道，还有人们对屈原的怀念。

1　秭归的端午仪式

2、3 端午节包粽子。包点白米，
代表屈原一生清白，放颗红
枣代表他的忠心

▲秭归的"招魂"活动

秭归的江面上，扣人心弦的"招魂"活动开始了。龙舟次第出发，召唤屈原的亡魂回归故乡。

绵绵不绝的呼唤在秭归的上空回荡了2000多年。

久远的楚地风俗，在屈原诡谲绮丽的诗篇中才真正展现出鲜为人知的一面。

翻开《楚辞·招魂》中的一个篇章，为诱楚怀王魂灵归来，屈子历数人间美味，以华美笔触列举了数十种佳肴的名称和做法。

高雅的经典，放松来读时，便是令人垂涎的食谱和菜单。如此惊人的美食创造，源于2000年来一直奔腾在楚地人血液里的丰富想象和大胆实践。

在很多人眼里，生活在江边的人守着江鲜，自然可以毫不费力地享受到鲜味。

但事实并非如此。江鲜虽鲜，却总是很难逃过一个"腥"字。这个巨大的矛盾，很久以前就存在了。但这难不住智慧的楚地先民，他们给后人留下了一堆坛子。

又到了彭家夫妇做泡菜的时候。

姜、蒜、辣椒都是中国烹饪最常用的作料。但在秭归，它们必须到坛子里走上一遭，才能担当重任。

泡菜的腌制是谭家银厨房里的头等大事。秭归人的烹饪主要靠它们来去腥提鲜。

在这些不起眼的坛子里，一场神奇的转化即将拉开序幕。

一批批新鲜食材进入"坛子大学"，攻读"发酵系泡菜专业"，潜心苦修，不断将体内植物蛋白分解成鲜味小分子，完成自身的鲜味升级。

发酵，寂静无声。但正是这悄无声息的酝酿，让江边的人们尝到了真正的鲜味。

谭家银的泡菜出缸了。她要做几条最拿手的鱼，庆祝开捕季的最新收获。

▼用坛子腌渍泡菜

▲一批批新鲜食材进入"坛子大学"潜心苦读

　　富含微生物菌群的老水，让每一颗浸泡在其中的果蔬都蕴积了鲜的精华，蓄势待发。

　　但泡菜并非唯一，渔家的船屋上还藏着另一个秘密武器。这就是被称为"百味之帅"的酱，同样是发酵，让富含蛋白质的大豆转化成名副其实的鲜味炸弹。

食材之鲜搭配以发酵之鲜，不同蛋白质的滋味在灵动的组合中创造出丰富的可能。

这是江上人家的盛宴。

又一季的辛苦即将开始。平凡劳碌的渔家生活，有了泡菜和酱的点缀，就总是能过出滋味。

这一切的背后，是如屈原诗篇般瑰丽的美食创造，是五味的调和，是鲜的真谛。

1 谭家银家的泡菜坛子有十几个，都是老一辈传下来的，每一个都要有老水。谭家银说："泡菜煮鱼是最好吃的，泡菜是提鲜最好的原材料。"

2 做鱼的另一个秘密武器——酱

3 用泡菜和酱做的美味

春节之鲜

　　从秭归上溯到汨罗江源头是湖南平江县。山地连绵起伏，环绕着一个个安静的村庄。

　　已经进入小寒节气，乡村的田野笼罩着薄霜。平江人也要准备一年中最重要的美食了。

　　天井下，李幼玉婆媳有条不紊地忙碌起来。她们做的正是湖南人引以为傲的腊肉，只在每年腊月制作，因为寒冷可以有效抵御细菌，延长肉质的新鲜。几乎所有肉类的保存都离不开盐，钠离子跟肉类中的谷氨酸相结合，鲜味便会跃然而出。

▼风干中的腊肉

临近春节，每家的房前屋后都挂着腊肉。李幼玉婆媳选择光照通风最好的露台进行晾晒和风干。只有尽快脱水，才能避免腐败细菌的侵入。

阳光的热力促使蛋白质分解，释放出多肽和游离氨基酸。正是这些鲜味物质，不断塑造着腊肉的风味。

李幼玉家的腊肉要开始熏制了。

很久以前，大约就是这个场景。新年里家家杀猪宰羊，总有多余的肉吃不完，人们围坐在炉火前，边取暖边熏烤，鲜肉熏成了腊肉，在未来数月都能享用。烟熏火燎中，微观世界微妙变化，更多鲜味分子脱颖而出，成就了腊肉独特的风味。这味道渐渐深入人心，腊肉竟超越了鲜肉，成为春节经典的食物。

春节一天天临近。一种至鲜的食材也到了收获时刻。它们像竹林里的隐士。这就是中国人推崇备至的鲜味植物——笋。

池塘的水面也跃动起来。中国人过春节时，鱼是不可或缺的，它的寓意如同味道一样美好。

乡村的年节食物，还有一样必备：这就是豆腐。叶拥江夫妇每年都会亲手制作。

含油的种子大豆是富含最多蛋白质的食材之一，它拥有人类需要的所有必需氨基酸，也饱含了鲜味物质谷氨酸。但它们紧紧包裹在蛋白质里，细推慢磨和加热熬煮都只能释放出一小部分鲜味。可大豆一经发酵，就会完全不同。酱油是一个成功的典范，它是鲜味加工产品中，全球使用最广泛的。

提炼出大豆之鲜的酱油，盘活了各种食材的清淡滋味，也包括本是同根生的表亲——豆花。

点过石膏的豆浆就是豆花，再用重物压制，便成日后的豆腐。

一年中，叶拥江要打数百斤豆腐，但这次与众不同，它们是带着美好期盼的过年豆腐。

叶拥江的堂弟这个春节也回到了故乡。200年前，他们的祖上建起了一座江南风格的大宅院，人们叫它黄泥湾大屋。

每次回老屋，兄弟俩都要翻翻族谱。元朝末年，叶姓始祖迁居至此，依靠宗族维系，已繁衍生息600多年。

除夕这天，叶氏族人从各方汇聚到黄泥湾大屋。沉寂的古屋迎来每年最热闹的一天。这是超越家庭的宗族大聚会。

▲叶氏族人的宗族大聚会

年夜饭是中国人最隆重的美食盛宴。而食物的滋味像一条无形的纽带，维系着一个族群的人心和亲情。

这是一年中叶氏族人最全的一次相见。

现代社会，古老宗族的成员早已开枝散叶，各闯天涯。但每到春节，仿佛感受到亘古不变的召唤，游子们会不约而同地回到故乡的家。

入夜，火龙的队伍浩浩荡荡地出发了。稻草扎成的火龙，是古老农耕社会的图腾。

鲜味小结

　　上千年来，饮食构成了中国文化最浓重的底色，这片广袤的土地上出产了极为丰富的食材，而中国人凭借其对食物的热爱，创造出令全世界都叹为观止的万千变化的烹饪手法，从而成为一个最能创造鲜、享受鲜，并且对鲜味有着最深领悟的民族。

　　全世界的各种料理都在朝着形成鲜味的方向努力，而所有的饮食文化，在某种程度上，也是为了提高鲜味而被创造出来的。

　　鲜味让人类和食物间的关系如此深刻而又精彩，从我们祖先生活的170万年前，到遥远的未来，都将是如此。

最熟悉的陌生人

《鲜味的秘密》
总导演兼第一集导演 杨晓清 /

700多个日夜、横跨欧亚7国、行程9万多公里，最终浓缩为一部纪录片。这背后有太多人的付出，这里，首先对所有人表达我最真挚的感谢。特别是主创团队的伙伴们，大家用了2年时间，生生啃了一块"硬骨头"。

活色生香的美食题材，怎么能说是"硬骨头"？因为这部纪录片的核心诉求是科学表达。在各类纪录片中，这是相当费力并且很难打动人的，但是值得一"啃"。因为它充满了新意和挑战。

新意在哪儿？鲜味。谁没尝过？没错，这个伴随我们一生的味觉体验，似乎再熟悉不过了。但扪心自问，有几个人能说清"鲜"为何物？这个全球独家的视角足以激发一个导演的好奇。

这个拍摄视角如此具有吸引力，却也充满挑战。什么是"鲜味"？科学家用一句话就总结完了："鲜味主要就是蛋白质的滋味"。这句话可吸引不了观众。作为《舌尖上的中国》第一季导演，我很清楚最直接的吸引来自被挑动的味蕾感受，而最打动人心的是乡愁和情感。还有其它层面的打动吗？有！那便是对未知世界的好奇与探索，同样是人性深处的渴望。从味蕾出发，上升到大脑，引领观众进入更广阔的认知空间，这就是我们想要的，但必须完成一个生动的媒体转化。

挖掘"熟悉中的陌生"，就是我们的突破口。中国人常把酸甜苦辣咸称作五味，事实上，辣不是味道，它只是一种刺激，真正的第五味是鲜。最高等级的鲜是什么？食材的新鲜？不，那只是冰山一角。恰恰相反，历经质变的发酵却能成就极致之鲜，它们是中国老卤缸里的臭豆腐，是法国山洞里经过霉变的蓝纹奶酪。穿越百万年，你可曾想到，在演化的关键赛跑中，我们的祖先实现逆袭并最终取胜，跟他们从火烤肉食中尝到的第一口鲜密切相关？

这就是鲜味，一个你"最熟悉的陌生人"。

意料之外的内容会强烈吸引观众的好奇，但仍需辅助多种艺术表达方式。片头制作特别聘请了广告摄制团队，极致展现了食物的诱人和神秘，同时配合以极简的文字，在短短1分钟里，勾勒出人类上万年的求鲜之旅；该片整体曲风偏西方气质，主旋律选用小提琴来演绎，凸显神秘感和探索的激情；解说的调性以传递理性与客观为主，但不失真诚，类似译制片的感觉带来国际化的声音表达。所有尝试都是为了打造一张不同于其它美食片的"知性和国际化"面孔。

当然，一部作品最终的呈现，相对于一个导演的全部创作来说，真的微不足道。那些拍摄当中触动我们的人与事，无法尽数体现在作品中，它们变成"沉默的大多数"，然而却并未在记忆中沉没。

▲以色列广告摄影师拍摄《鲜味的秘密》片头

　　整部系列片开机的第一个故事，是第一集中在湖南平江县的一个山村里制作腊肉的故事。摄制组在春节前夕抵达。只在腊月制作的腊肉，自然有它最隆重的出场——除夕年夜饭。那是我第一次看到上百号人一起共享的年夜饭，全村最大的姓氏——叶姓人家的老老小小，汇聚在具有200年历史的黄泥湾老屋里。围坐在每一张圆桌的人们，并非以家庭为单位，而是按照在大家族中的辈分就座。在同一张桌子上，你可以看到80岁的老人，也可以看到20岁的后生，这就是中国人的论资排辈。这样的宗族年夜饭，在今天的中国已经很难看到。千千万万的宗族谱系早已开枝散叶，后代子孙遍布天涯。然而，一年中唯有春节这个日子，依然有着强大的凝聚力。在黄泥湾的那个除夕夜，我透过航拍镜头的监视器，看到在一片片灰色瓦房下聚拢在一起的叶姓族人，仿佛看到由宗族社会维系了千百年的古老中国的缩影……

日本是最早发现鲜味在分子层面秘密的国家，也是我们拍摄的重要一站。在这一站令我们感触最深的是一个人——天妇罗之神早乙女哲哉。他独步江湖半个世纪，一生过手2000万个天妇罗，技术早已达到出神入化的境界，却仍在不断钻研当下的每一个天妇罗，无论前一秒状态如何，站在料理台前总能立刻调息凝神，以数十年心得换一个无人能及的天妇罗。但这仅仅是"大神"的一面，据他本人说，刚刚入行时的自己十分怕生腼腆，站在客人面前，手和腿便禁不住打抖，话都说不出来。为了适应顾客，他一个人跑去火车站，直勾勾盯着迎面走来的陌生乘客，一站就是一天，去不断克服内心的恐惧。也正是这颗敏感细腻的心，令他能发现料理过程中别人不易察觉的细节与瑕疵。

▼总导演（右）和摄影师（左）在新疆拍摄

太多拍摄背后的故事，不能一一尽言。所有这些经历和感悟，都是每一次创作之旅带来的丰厚收获，犹如最醇厚的鲜，足以用一生来回味。

2012年，《舌尖上的中国》播出。这之后，我却没敢再碰美食题材，因为不知道还可以有什么突破。感谢鲜味的命题，让我迈出这一步。创作上的"尝鲜"，也是我20多年来，每一次出发的动力和幸福源泉。因为，只要有突破，哪怕只是一点点，都能带来新生般的快乐，好像自己永远还年轻着。

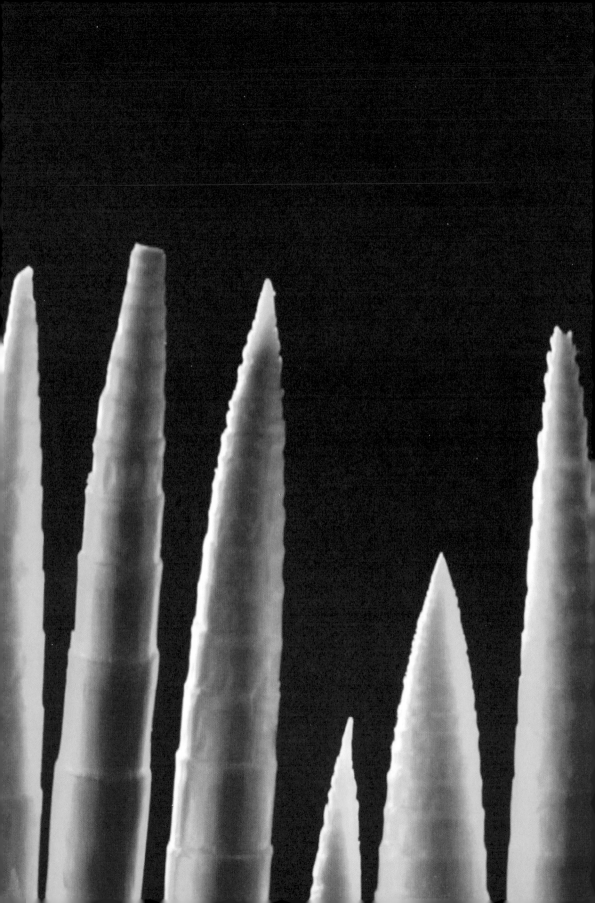

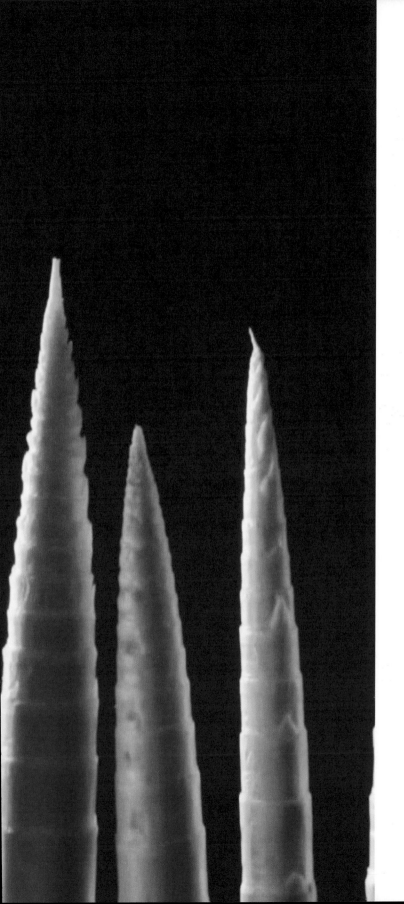

2

鲜味的
秘密 ／

时光魔力

鲜有两张截然不同的面孔，一张来自造物主赐予的天然之鲜；另一张，则必须先从腐败开始，穿透它，将是一个全新的彼岸。看似遥远的两极，却都统摄在一种神秘的魔力下。谁掌控了它，谁就能获得极致之鲜。

扫一扫看精彩视频

争分夺秒

——天然之鲜

　　秋分时节，78岁的陈义青很早就在滩涂上开始布置陷阱，等待夜幕降临的一刻。猎物已经上钩，这只蟹将在这里完成它生命中的第10次蜕变。

　　在浙江宁海县，东海之滨的三门湾是浙江省仅次于杭州湾的第二大海湾。在它的116万多亩滩涂中，生活着一种极致之鲜——蟹。关于蟹的记载，最早可以追溯到2000年前的《周礼》，明末清初的大美食家李渔则写道"独于蟹螯一物，无论终身，一日皆不能忘之"，用以表达他对蟹的痴迷与沉醉。

1

李渔尝到的是淡水蟹之鲜，对于海蟹来说，则是另一番情趣。只有世代生活在海边的渔民，才有机会把握和品鉴海蟹一生中的至鲜时刻。

每年立秋前后，成熟的青蟹开始寻找洞穴蜕壳。这样的蜕变，在蟹的一生中需要经历13次，每一次，不是生命的起点，就是生命的终点。刚刚蜕壳后的青蟹是最脆弱的，也是最鲜美的。陈义青必须赶在这个节点捕捉，否则所有准备都将前功尽弃。

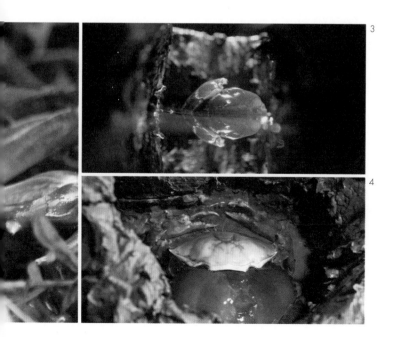

中国人大多习惯在菊黄蟹肥的秋天品蟹，此时的蟹固然最肥美，却不是蟹最鲜的时候。在旧壳蜕去新壳未长成的半个小时内，蟹体内产生大量新生的水溶性蛋白，不需要加工，就可以直接被人体吸收，这才是蟹生命中最鲜的时刻。此时的蟹壳是软的，这种状态被称为软壳蟹，捕捉到软壳蟹，并尝到它的鲜美，就是一场和时间的赛跑。

晚来一天，壳就蜕了，早一天壳还没蜕，因此软壳蟹是极难抓住的。即便有60多年捕蟹经验的陈义青，想要在第一时间抓获刚刚蜕壳的软壳蟹，也是极有难度的，这需要一些运气。软壳蟹变硬之前有最佳的口感，陈义青不想浪费这来之不易的美味，抓紧时间赶回家带给孙子吃。

蟹壳的坚硬，剥蟹的繁琐，会让很多食客与这种人间美味失之交臂，但是这道软壳蟹不仅鲜美至极，还会带来一种全新的品蟹体验。

▲刚蜕壳的青蟹，壳是软的

▲不用去壳，直接过油爆炒，在最短时间内去除水分，锁住至鲜。图为炒好的软壳蟹

陈刚满是陈义青的儿子，父亲捕捉软壳蟹，除了经验还需要运气，而陈刚满经过8年的摸索，掌握了人工饲养的方法，搭建了育蟹房，已经不用再去滩涂守候了。

蜕壳的青蟹，滩涂上难觅踪迹，在育蟹房中却是上万只的聚集。千年的诱捕洞换成了独栋别墅，自然的风云变化浓缩到舒适的方格中。生命节点的把握、最鲜时机的拿捏，都将呈现在这半小时内。

在一间不满400平方米的育蟹房，陈刚满每天都要走上十几公里，观察、登记、巡视，都是为了把握最关键的时刻。软壳蟹一般在夜里蜕壳比较多，陈刚满的育蟹房中总共有1万多只蟹，他们每天夜里都要一只只蟹逐个巡查完。蜕壳后的时间越短，软壳蟹的质量越好，最长不能超过半个小时。

大自然赋予软壳蟹至鲜，前提条件却十分苛刻。如何跨越时间的障碍，让不同地域的人们都能尝到这一口鲜呢？第一时间把软壳蟹放入仪器内，液态氮的沸点为零下196℃，只需10多秒，软壳蟹就被瞬间速冻。

▼被急速冷冻的软壳蟹

▲珍贵的鲟鱼卵鱼子酱

　　软壳蟹的鲜是稍纵即逝的，但三门湾的陈家父子和他们的祖先一样，不会停止与时间的较量，并在一场场较量中捕捉着鲜，也享受着鲜。

　　比软壳蟹更需要争分夺秒获取的另一种极致之鲜，是与鹅肝、松露并称为世界三大美食的鲟鱼卵鱼子酱。最高品级的鱼子酱以克为计量单位，价格和同等重量的黄金相当。

　　鱼子酱最负盛名的产区是里海，这里也是鲟鱼的故乡。俄罗斯紧邻里海，是全球公认生产顶级鱼子酱的国家。基里尔是俄罗斯鲟鱼养殖场专职取鱼卵的人，他非常了解鲟鱼。

　　据基里尔介绍，能被制成高品质鱼子酱的鲟鱼，平均寿命长达百岁，至少要到20岁才能成熟产卵，而只有60岁以上的鲟鱼鱼卵才能制成世界顶级的鱼子酱。

　　鱼子酱为何会如此之鲜？这一粒粒鱼卵就是完整的生命，鱼卵阶段汇集了整个生命的最鲜。鱼子酱里的蛋白质都是水溶性的新生蛋白，我们可以直接品尝到里面呈味氨基酸的滋味。

鱼子酱的部分制作工序

1 取卵

2 称重

3 拌盐

4 装罐

　　鲟鱼卵天生具有鲜味优势，但要想把这种鲜发挥到极致，就需要在最短的时间内完成鱼子酱的制作。"快"是制作鱼子酱的关键。鱼卵取出后必须要在15分钟内完成12道工序。

最关键的一步必须由评定师来完成，他要根据鱼子的大小、色泽和气味等情况来决定加多少盐，盐的作用是保鲜和提鲜，当鱼子的鲜与食盐中的钠离子结合形成谷氨酸钠时，就能释放出更强烈的鲜味。

米哈伊尔（Mikhail）是俄罗斯特洛耶库洛夫饭店（РЕСТОРАЦІЯ ТРОЕКУРОВЪ）的主厨，他所在的饭店是叶卡捷琳堡最古老的饭店之一，有100多年的历史，鱼子酱就是这家饭店的招牌菜。

饭店将迎来一批特殊的客人，为了保证鱼子酱能及时、新鲜地呈现在客人面前，米哈伊尔提前开始了准备工作。

鱼子酱的鲜味是绵长的，这种绵长不仅有来自深海的气息，也有鲟鱼漫长的一生所积聚的精华。从古至今，鱼子酱代表的不仅仅是一种食物，更是身份和地位的象征。今天，鱼子酱依然代表着奢华，吃法也颇为讲究，舀取鱼子酱最好选用贝壳、象牙、木头等天然材料制成的小勺，这样才不会破坏鱼子酱原汁原味的鲜。

▲特洛耶库洛夫饭店的鱼子酱菜肴

▲野生竹荪

▲未被及时采收而腐化的竹荪

　　鱼子酱的鲜，来自生命的孕育，来自水中世界。而在山野丛林间，同样也有来自泥土的芬芳，来自大地的恩赐。

　　在距叶卡捷琳堡6000公里外四川长宁县的蜀南竹海，隐藏着一种被称为"地下精灵"的奇珍。

　　春季是唐光均一年中最忙的时候，每天天不亮就进山，他要找的就是珍贵稀有的地下精灵——野生竹荪。

　　野生竹荪是寄生在枯竹根部的腐生真菌，堪称"菌中贵族"，它富含鸟苷酸，尽管鸟苷酸本身没有鲜味，但当与其它富含鲜味氨基酸的食材一起烹饪时，在鲜味相乘的神奇作用下，整体鲜味会放大数十倍。野生竹荪的生长地往往人烟稀少，绽放时间又很短暂，如果没有被及时发现采收，一两个小时野生竹荪就会自溶腐化。

为了采收竹荪，唐光均早上起来就要赶时间，否则等竹荪长起来就慢慢腐化了。

龙腾大酒店的主厨王健也在这个季节迎来了一年中最忙的几个月，他的拿手绝活就是烹饪竹荪宴。

四川人的调味品里少不了辣椒，几乎每道菜都离不开辣，但唯独用竹荪做的菜不放辣椒，这是为了避免辣味遮盖掉竹荪的鲜。很多客人都是冲着王健的竹荪宴来的。

王健匆忙给唐光均打电话订货："干品还有多少货，我这段时间订单全部满了，你后天一定要帮我把货备齐，最少20斤吧"。

唐光均和王健是十几年的老搭档，每年此时唐光均都会及时把采收晾晒好的竹荪送到王健的酒店。这一年雨季来得晚，连日来的太阳，让本就稀少的野生竹荪更加难找。温度过高、湿度不够，空有30年的经验也没用。

这一天运气不佳，经过一个多小时的搜寻，唐光均终于在七点二十分发现了第一个竹荪，但还是来晚了一步——竹荪已经腐化。

虽然奔波了一天，回到家中的唐光均也不能马上休息，必须第一时间晾晒竹荪。如果没有及时晾晒或烘干，三四个小时后竹荪就会腐烂。晾晒过程中，竹荪菌体温度逐渐升高，会产生大量的游离氨基酸等鲜味物质。

大多数时候的旺季，唐光均每天都可以采收10多斤鲜品，这次的收获却寥寥无几。

▼晾晒中的竹荪

▲唐光均去山间寻找竹荪

▲菌裙完全展开的竹荪

　　春季是野生竹荪生长最旺盛的时期，3个月的采收量可以占到全年总量的一半，但如果天公不作美，将无法挽回损失。

　　迟来的雨让唐光均重新振作了起来。他知道，雨过天晴后，竹林里会冒出不少竹荪。

　　这是一场关系到全年收成的雨，虽然持续了2个多小时，但对唐光均来说已经算是上天的恩赐了，第二天到底能采收多少竹荪还是个未知数。

　　次日天刚蒙蒙亮，唐光均就出发了。为了收获更多，他必须分秒必争。

　　有心人才会受到特殊的眷顾。几天前，唐光均考察的可能出现菌坑的地方，真的长出了更多竹荪。竹荪的菌裙完全展开之时，也是组织蛋白酶活性最大的时候，因此这个时间采收的竹荪，其鲜味物质含量也是最多的。

　　13年来，唐光均一直坚持把枯叶撒到竹林下面。虽然竹荪从破土到成熟只有几个小时，但这些供菌丝生长的腐化物可能需要几年或十几年才会长成竹荪，他期待亲手撒下枯叶的地方，能长出更多的野生竹荪。

漫长的等待

——腐败之鲜

　　有些食材的鲜需要抢时间获取，有些食材则需要漫长的等待才能出鲜。

　　在快与慢的两个极端，鲜都以不同的姿态出现。当我们跑不赢时间的时候，食材就会变质、腐败，但在残酷的现实里面，却暗藏着一个巨大的馈赠。

人们利用智慧化腐朽为神奇，将馈赠变成美味，最具代表性的就是古老的奶酪，它已有5000多年的历史。

目前，仅法国生产的奶酪就有1000多种，占世界奶酪种类的1/3。法国人几乎会在每道菜中添加奶酪，如此依赖奶酪的原因只有一个——奶酪的极致之鲜。鲜是奶酪的灵魂。奶酪的鲜来自腐败，从腐到鲜，不可思议的转化中到底蕴藏着怎样的秘密？让我们从最具传奇色彩的鲜味代表蓝纹奶酪中去寻找答案。

探寻法国的鲜味版图，有一个不容忽视的地标——南比利牛斯大区。

田园风光的背后，横亘着巨大的石灰岩山体。幽暗的岩洞里散发着奇异的味道，一种顶级美味藏身在此。

1 法国巴黎的一家奶酪店（Androuet，安德罗埃奶酪店），始创于1909年，出售的奶酪全部来自纯手工制作

2 这些出售的奶酪皆为纯手工制作

3 法国南比利牛斯大区

3

蓝纹奶酪是法国人心中殿堂级的鲜味代表。发霉的蓝色斑点是一群微生物的杰作，也是奶酪化腐朽为鲜美的秘密所在。这个过程叫作发酵，它能创造出极高层级的鲜味。

　　洛克福蓝纹奶酪被称为法国的奶酪之王。早在1411年，法王查理六世的皇室宪章就规定：只有在康巴鲁天然石灰岩山洞内成熟的奶酪，才有资格被称为洛克福蓝纹奶酪。这种奶酪之王的不同之处在于，它的霉菌是长在里边的，并形成蓝色纹路，所以被称为蓝纹奶酪。

　　几千年间，洞内一直生长着一种肉眼看不见的生物，它们就隐藏在腐败里，正是这种微小生物的存在，才能生产出最传奇的蓝纹奶酪。

▲石灰岩山体

▲蓝纹奶酪"藏身"的岩洞

1、2 岩洞里的蓝纹奶酪

3 蓝纹奶酪上发霉的
蓝色斑点

4 "腐败"成就奶酪
的鲜

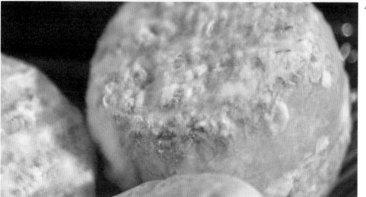

现在有一个中国人，却把蓝纹奶酪复制到万里之外。

2007年，刘阳从法国留学归来，历经无数次失败后，他终于制作出蓝纹奶酪。

每天，刘阳都会用掉450升鲜奶来制作不同品种的法式奶酪。做奶酪必须要沉下心来，才能慢慢做，然后等待微生物去工作。

一个小时内，凝乳酶就把150升液态奶凝固了，奶酪的发酵之旅从此开始。

刘阳的成功源自康巴鲁山洞中天然存在的青霉菌，这种菌可以帮助蛋白质水解，从而缔造出蓝纹奶酪的独有之鲜。

虽然青霉菌是制作蓝纹奶酪的关键，但刘阳还是无法完全复制康巴鲁山洞的自然条件。不同的环境、不一样的奶源，让每一次制作都充满变数。

蓝纹菌丝能够均匀分布在奶酪中，是蓝纹奶酪成功发酵的前提。为此，一场微生物之间的发酵大战在所难免。

　　随着时间的推移，蓝纹奶酪表面的霉菌开始生长，内部也开始水解，发酵10多天后，蓝纹菌丝以缓慢的速度开始蔓延，生长0.5毫米的菌丝，就需要28天左右。

　　即使中期长势良好，在后续发酵中，青霉菌依然有可能被其它微生物主导，甚至停止生长。第64页图中所示的是一批已持续发酵40多天的蓝纹奶酪，从图中可以看出这批奶酪的蓝纹菌整体分布还算均匀，颜色也很鲜艳。发酵好的蓝纹奶酪闻起来有浓郁的蘑菇香味。

▼这些蓝灰色粉末就是刘阳从法国带回的青霉菌，也叫蓝纹菌。为了保证蓝纹菌的活性，全程需要低温冷藏，仅3克的蓝纹菌就可以让150升鲜奶发酵

1 蓝纹奶酪的发酵室，温度10℃，湿度90%

2 发酵好的蓝纹奶酪

3 用探测器探测蓝纹奶酪里面，可以看到它的内部布满了蓝纹菌，发酵情况很好

奶酪是一种不断生长的食物，有些奶酪需要几年才能真正成熟。发酵转化而成的鲜，通常需要付出漫长的时间。用一个"慢"字，等待微生物的成长、静候鲜味的绽放。

刘阳做的蓝纹奶酪在法国朋友圈非常受欢迎。一个法国朋友说："如果闭上眼睛品尝刘阳做的奶酪，就像生活在法国，这真是一件令人愉悦的事情，我可以一直待在中国，直至生命的最后一天。"

形态的改变、时间的变化，展示着微观世界的奇妙；时光的守望、无穷的探索，演绎着奶酪生命的传奇。

发酵是一种创造鲜味的重要手段，它就像魔术一样可以幻化出很多鲜美的食物。奶酪是西方人的大爱，东方人也有自己的偏好——臭豆腐。

在安徽省歙县有家百年豆腐店——程记豆腐坊，程铁生是这家豆腐店的第三代传人，因为做豆腐出名，大家都称呼他"豆腐铁"。

百年豆腐店最畅销的产品是臭豆腐，徽州臭豆腐在中国已经有300多年历史，清末传入宫廷，使得徽州臭豆腐名扬天下。徽州位于北纬30度附近，这条神奇的纬线所跨越的区域有很多广受欢迎的发酵美味：长沙臭豆腐、四川大酱、贵州酒曲等。正是北纬30度附近独特的气候条件成就了发酵美食，而恰到好处的臭更让鲜味倍增。臭也是鲜的一种极致，对臭味的接受、喜爱是整个人类的共同特性。臭味的食材是保鲜失败的结果，叫作腐而不败。"腐"令香味出来了，便叫作腐鲜。

▲用重石压豆腐

▲程记豆腐坊的豆腐

从人类进化之初，"食臭"就是人类基因里的味觉记忆。臭散发出来的美味，实际上是饮食的最高境界之一。

这家百年老店的臭豆腐之所以闻名、经久不衰，核心秘密就在一口老缸里。缸里的卤汁有100多年了，能留下来是非常不容易的。

百年卤汁制作出来的食物，就像施了魔法一样，变得非常鲜美，但这种鲜美不是取之不尽的，它也会枯竭。

又到了程铁生为卤汁添加营养的日子。程铁生每次要选用3年以上的火腿，时间越长蛋白质分解越充分。3年的火腿蛋白质中鲜味物质的分解可以达到70%，5年多的可以达到85%以上，达到入口即化的地步。

▼用来为卤汁添加营养的火腿

火腿、黄豆、鸭蛋、腔骨都是百年卤汁的营养食材，熬煮5个多小时后，倒入卤汁中，最后加入黑芝麻增加天然的黑色。卤汁就像一个舞台，各种微生物在这里翩翩起舞，随着时间的流逝，微生物的数量和活跃度都提升了，它们会破坏蛋白质，分解出游离氨基酸等鲜味物质。所有材料经过一两个月，全部都可以溶化消失在卤汁中。

豆腐浸在卤汁中的时间最好控制在2个小时以内，时间长了会溶化掉，时间短了没有味道也上不了色。

几代的传承、百年的卤汁，续写着不灭的鲜味传奇。

1 卤汁的营养食材
2 浸在卤汁中的豆腐
3 刚出锅的臭豆腐

似臭非臭的
极致美味

　　臭豆腐是臭之鲜的代表，但在徽州还有一种似臭非臭的鲜更极致，它就是徽州名菜臭鳜鱼。

　　这道菜肉质醇厚入味，经热油稍煎，细火烹调，鱼肉与骨刺分离，肉成块状，非但无异味，反而鲜香无比。

▼肉质醇厚的臭鳜鱼

1 新安江上接三江源，下连千岛湖，水质清澈，这里产的鳜鱼肥美

2 加了盐的鳜鱼，在樟木桶里的第二天就开始发酵，第三天就散发出臭味

腌制臭鳜鱼用活鱼还有一个最重要的原因。活鱼宰杀后有血渍，肌肉细胞也存在，当把盐抹上去的时候，它会很快分解。越活跃的鳜鱼血中蛋白质含量越高，撒上食盐，在时间的作用下，鳜鱼开始发酵。

1、2 鱼眼变红，肉质呈现潮红
　　 色，鱼肉的品质和鱼肉的口
　　 感就能保证

3　　臭鳜鱼

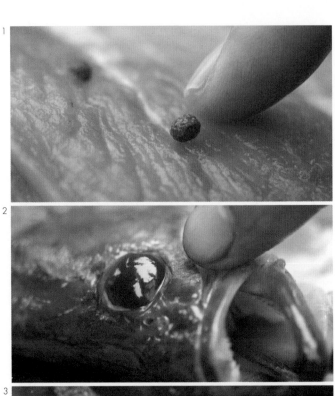

　　臭鳜鱼的臭是奇妙微生物在发酵过程中产生的味道，在鱼体内源酶和微生物共同作用下，鳜鱼体内蛋白质和其它有机物被降解生成游离氨基酸、游离脂肪酸和核苷酸等小分子，同时散发出一种似臭非臭的味道。

　　人类用文化承载记忆，用智慧发现美食，让臭之鲜弥久留香，令人回味悠长。

鲜味小结

　　万物皆有时，人们用智慧把握时间的节奏，创造出鲜的两极。从无到有，从微小到爆发，在时间的卡尺上，在不断变幻的时光魔力下，一路追寻、永不停歇。

时光成就魔性之鲜

《鲜味的秘密》
第二集导演 盛超／

纪录片《鲜味的秘密》历时2年拍摄，行程9万多公里，拍摄足迹遍及欧亚7国：英国、法国、俄罗斯、日本、丹麦、泰国和中国，呈现了上百种顶级鲜味食材。这个片子最初定位为科学纪录片，为了更好融合鲜味科学，我们不断创新和突破，一次次地否定自己，一次次地从头再来，经过无数次更改和打磨，终于完成了六集新美食人文科学纪录片《鲜味的秘密》。

笔者执导的《鲜味的秘密》第二集主题为"时光魔力"，与时间有紧密联系。有些食材的鲜需要抢时间获取，有些食材则需要漫长的等待才能出鲜，在快与慢的两端，鲜都以不同的姿态出现。这一集既能感受到俄罗斯带深海气息的至鲜鱼子酱，也能一睹藏在幽暗法国山洞里的殿堂级奶酪，从蜀南竹海稍纵即逝的竹荪，到拥有众多铁杆粉丝的臭豆腐和臭鳜鱼，它们都是时光成就之鲜。

"时"间积淀：专注拍摄，用时间轨迹，记录真实生活

无论快与慢，要想把时间造就的鲜更好地呈现到观众面前，没有捷径，只能花更多时间记录鲜活的生活、记录真实。一方水土养育一方人，三门湾长大的浙江宁海人有一项突出的技能——在滩涂上健步如飞。东海之滨的三门湾是古老的海湾，这里有116万多亩的滩涂地和最鲜美的小海鲜，每次海水退潮的时候，就会有宁海人在滩涂上捕捉海鲜。为了能拍摄到捕蟹的过程，第一天清晨，我们就穿上高腰背带雨靴深入滩涂中，刚走了几步，就已深陷泥潭无法自拔，越挣扎，陷得越深，没过几分钟，就陷到腰部……后来当地三个人合力才把我拉出泥潭，满脸的泥点，全身的泥浆，当时的样子何等狼狈……不过这并没有阻止我拍摄的动力，为了能拍出真实的效果，也让我们能自如移动，我们脑洞大开，卸掉三块门板作为我们拍摄的小船，拍摄组在不同的门板上跨跃，完成行走的过程。因为每日的捕捉只是一天当中固定的一段时间，原本两三天的拍摄计划，为了记录下真实的捕捉现场，最后拍了一周多。

"光"影瞬间：瞬间的华美，背后却是常人难以想象的艰辛

有句名言"一切美丽都是短暂的"，而对于拥有鲜味的美妙食材又何尝不是如此呢？时光流逝不舍昼夜，这一集我们用影像变化呈现鲜味绽放瞬间的华彩。

光影变化是记录时光的最好体现。在竹荪故事中，一个竹荪绽放的镜头虽然只有3秒钟，但我们每次用6台设备同时拍摄，三次不同场景的推翻和重拍，耗时140多个小时，从30个竹荪生长的半成品镜头中选出一个拍摄成功的，才呈现出竹荪最美的绽放。这样的拍摄在本集还有很多，

▲滩涂上拍摄软壳蟹

其中，软壳蟹蜕壳只有短短的10多分钟，但当地人在滩涂地守候的时间经常要两三天。为了拍摄奶酪发酵的一个镜头，需要在湿度90%以上的发酵室中长时间工作，在这样条件苛刻的环境中，不仅要杜绝所有细菌的侵入，还相当考验单反和灯光设备持续6天的工作能力，我们最终拍摄了三次，耗时19天才完成了一个2秒的镜头。

▲滩涂上拍摄软壳蟹

"魔"之鲜的展现：神秘第五味，用科学诠释人与美食的鲜味魔幻

纪录片《鲜味的秘密》最大的魅力就是用鲜味科学解答美食的秘密。在2年的拍摄过程中，我阅读了大量有关鲜味科学和美食的书籍，对鲜味与美食有了一定的初步认识，但也只是鲜味科学中的一小部分，随着对于鲜味科学了解的不断深入，我也在不断成长。

鲜和我们的生命息息相关，鲜味物质是生命的本源，它不仅是一种味道，更是对食材的不辜负，甚至是一种节制考究、细致用心的生活态度，是生命力的象征，是五味中的至味。生活有酸甜苦咸，鲜味才是人生中的至味。鲜是生活的完美呈现，是人生的动力源泉，我们的拍摄过程是求鲜之旅，需要的就是科学的精神与人文情怀的完美结合，在寻求鲜味秘密的过程中我们也体验到了人生的鲜活。每当回想起那一个个鲜活的至美瞬间，笔者脑海中便会浮现出一个镜头——坐在山之巅看到的那一轮冉冉升起的红日……

"力"求创新：不断探索，用创新思维，展现鲜味的秘密

怎样把美食纪录片做得不同，怎么把科普纪录片讲得生动，我们都在不断摸索前行……我们突破"舌尖"，以"挑动味蕾和引发乡愁"为主的感性表达模式，引领观众从"食色和情感"层面的共鸣，上升到更为广阔的理性认知空间，让更多的观众了解鲜味科学。

几千年来，中国饮食文化经久不衰，历久弥新，不仅影响着世界，而且由此创造出各种鲜味。这个神秘的第五味——鲜，让人和食物间的关系如此深刻而又精彩，人类穷尽一切办法，在求鲜之旅上探索，一路追寻、永不停歇。

3

天作之合

鲜是一种难以形容的味道，它跳脱了酸甜苦咸的单一和明确，任性而又灵动。不同食物与味道的组合像万花筒一般，变幻出无穷滋味，这正是鲜的魅力所在。然而，千面佳人的背后，是否隐藏着看不见的规律在指挥着一切？

扫一扫看精彩视频

三文鱼和海藻

　　爱丽思卡岛位于英国苏格兰西南，面积仅有121公顷。岛上只有一座古堡，古堡只有一间餐厅，而这个餐厅却以米其林一星的品质，吸引着世界各地的美食爱好者不远万里前来体验。

　　爱丽思卡岛地处苏格兰临海保护区内，丰富的海洋资源使餐厅拥有天然的食材优势。主厨康纳·图米（Conor Toomey）有着多年米其林餐厅的从业经历，冷熏三文鱼一直是他极力推荐的一道菜。

▼位于英国苏格兰的爱丽思卡岛

▲用来产生熏烟的炉子

厨房不远处是熏鱼间。熏鱼间门口是炉子，最里面是熏箱，长长的管道纵贯房间，目的是冷却烟的温度。

烟熏三文鱼有热熏和冷熏两种方法。热熏容易使三文鱼表面更快干燥，影响对烟雾的吸收，这种方法通常用来制作半成品。而冷熏的过程仅仅是为三文鱼增加风味，并不进行烹饪，烟会在管子里降温冷却，是在正式烹饪前处理鱼的步骤，不对其进行加热处理，因此鱼肉依然是生的。熏制持续一个昼夜，中间要刷一次橄榄油，加一次烟火。产生烟的木屑来自旧的苏格兰威士忌酒桶，因此，熏好的三文鱼会带有微妙的酒香。

烟熏在0~30℃的区间内逐渐升温，在这个过程中，三文鱼里的蛋白质降解产生游离氨基酸和多肽，并随着温度的上升而不断增加。

三文鱼在熏箱里转化期间，康纳来到海边。他需要另一种食材——虽然不直接食用，却非常重要。

爱丽思卡岛周边海域海水纯净，生长着大量藻类。康纳要寻找的海草、海藻和"海葡萄"，虽然吃起来口感并不太好，却能为三文鱼补充一种特殊的鲜味。

在大西洋暖流的滋润下，爱丽思卡岛四季如春，无边无际的海水仿佛令人置身世界尽头。这个远离尘嚣的小岛也被大自然恩赐了丰富绝佳的食材。来自大西洋深海及其周边的天然美味，无时不在挑逗四方食客的味蕾。

▲主厨康纳在有机菜园选取配菜

　　第二天清晨，康纳到酒店的有机菜园找一些需要的配菜。他剪下一些草尖儿，都是新长出来的嫩芽，这个过程不像是在选菜，倒更像是在雕饰盆景。康纳之所以喜欢爱丽思卡岛，是因为在这里他可以在5分钟之内，得到所有食材，家门口就有三文鱼，还可以自己去割海带，可以从漂亮的菜园里采蘑菇以及各种蔬菜……

　　这时，三文鱼已经熏好，康纳把鱼分切成小块。现在，海藻就要发挥作用了。把洗干净的海藻和三文鱼紧紧包裹在一起，两种食材的搭配，看似简单，却隐藏着所有鲜味搭配的核心奥秘。

▲将海藻和三文鱼包在一起

常见的鲜味来自食材中的蛋白质，它们中的鲜味氨基酸团队贡献了核心元素：谷氨酸。谷氨酸好比基本鲜。而由鸟苷酸和肌苷酸等组成的核苷酸团队，好比协作鲜，它们相遇可以产生鲜味相乘的美妙作用。这就是为什么富含氨基酸的海带与富含核苷酸的三文鱼在亲密接触一小时后，鲜味倍增的奥秘。

精明的厨师从长年累月的实践中掌握了这个鲜味奥秘，就可以烹调出独特的鲜美菜肴。

作为传统的苏格兰民族的一员，康纳有着自己对美食的独特理解和追求。来自大西洋冷水区的三文鱼、野生海藻和无污染的海盐，共同赋予了这道烟熏三文鱼独有的味道，让品尝它的人们更能感受到大自然的美妙滋味。

最后撒上的粉末，是康纳自制的提鲜法宝，它由几种不同的海藻经烘干、研磨、配比制作而成。新鲜的三文鱼很多，但是在苏格兰这种腌制的方法，以及用海带做成的调味料跟腌制三文鱼配合，更能显出鱼肉的鲜美。几种新鲜的鲜味物质完美地合作，使这道料理形成一种特殊的风味。用来自大海的味道，锁定来自大海的鲜味，只有被大自然宠溺的人，才能获得如此奇妙的灵感。

鲜味具有多种层次的味道，它包含了各种感受，当你品尝到鲜味时，鲜味妙得能让你会心一笑。你会不禁感叹："啊！太美妙了！"这正是食物在感觉上为你带来的最高体验。

▼基本鲜与协作鲜的相遇使鲜味倍增

奶酪和虾，黄瓜和海带汁

　　拥有新鲜空气、纯净水质、鲜美食材的爱丽思卡岛，用最贴近自然的方式让自己成为一个名副其实的"鲜味小岛"。而千余公里外的丹麦，同样有两个欧洲人，以更具欧洲思维的科学实证精神，探索着鲜味搭配的深层秘密。

　　哥本哈根——丹麦王国最大的城市和港口，不仅有宜人的风景和气候，还有令全世界食客为之向往的、曾连续3年排名世界第一的餐厅——诺玛餐厅（Noma）。

▼北欧的菜市场

5年前，诺玛餐厅的主厨雷内（René）作为策划者之一，发起建立了北欧食品实验室（NORDIC FOOD LAB）。这个在丹麦乃至整个北欧都独一无二的"厨房"没有顾客，却为全欧洲提供着最前沿的美食计划。

北欧食品实验室的主厨罗贝托·弗洛尔（Roberto Flore）是一位来自意大利的厨师。如何搭配食材、获得鲜之又鲜的美味，是罗贝托最近在厨房里进行的一项工作。鲜味是构成味道的重要部分，蛋白质分解产生鲜味，在制作菜肴时通过分解蛋白质，使人感受到鲜味正是罗贝托的研究课题。

北欧的地理位置决定了它夏季白昼较长、光照充足，这为北欧美食提供了独特的土壤条件。天然优越的海水资源也使鱼类成为北欧国家餐桌上的主要食材。

罗贝托的童年有很多时间是在厨房里度过的，祖母烤面包的时候他玩面团，祖母做甜点的时候他在旁边品尝美食，十分开心。烹饪并非祖母的本职工作，但她却将烹饪视为分享爱的过程。从小受祖母的影响，罗贝托对烹饪极其着迷，那些美食带给他的口感和爱的记忆，也促使他成为一名厨师。

罗贝托对鲜味食物的烹饪研究，则受到他的好朋友——哥本哈根大学食品科学系欧雷·莫里森（Ole G. Mouritsen）教授的影响。欧雷教授是欧洲少有的、专门对鲜味进行研究并且为此写下专著的科学家。人们常常称呼他为"鲜味先生"。

为了证明不同鲜味物质的搭配会让食物产生不同的口感，欧雷教授在普通曲奇的配方中加入了奶酪和干虾皮，可以闻到奶酪和虾的味道，并且让好多鲜味在嘴里停留一段时间。他要让主厨罗贝托品尝到这其中的不同。欧雷教授总是能激发罗贝托提出不可思议的点子。

▼融合了奶酪和干虾皮的曲奇

奶酪由牛奶制成，具有鲜味，而硬奶酪则可能存放了一两年，具有更多鲜味。只需一小块就很有风味。

鲜味非常重要，开心地进餐有利于高品质的生活；从另一方面来说，这也大有益处：鲜味刺激食欲，促使唾液分泌，从而有助于咀嚼和消化。在欧雷教授看来，某些食材天生具备鲜味物质，通过实验可以测定食品中氨基酸等成分的含量。因此，从这些食材中提取鲜味成分制作调味品，是烹饪中安全的手段。

在亚洲最常见的鲜味调味品味精有时会被认为是导致脱发和衰老的元凶，因此有人避而远之，欧洲科学界又是如何看待这个问题的呢？

对此，欧雷教授说："味精是一种化学复合物。它主要由谷氨酸钠组成，可从许多天然食材中获取，比如番茄、奶酪、风干的火腿，还可以通过发酵的食物比如鱼露中获取。不会有人认为它们不健康。如果使用的是谷氨酸钠的纯净形式就很安全。所以如果你担心味精，你就是在担心晒干的番茄、风干的火腿和发酵的鱼。"

鲜的味道不仅存在于天然富含氨基酸的食材中，也可以通过烹饪使原本鲜味含量少的食材发生转变。罗贝托曾邀请欧雷教授一起参与他的创新实验：将清淡的黄瓜变成一道富含鲜味的菜品。

▼看起来像鱼肉的黄瓜

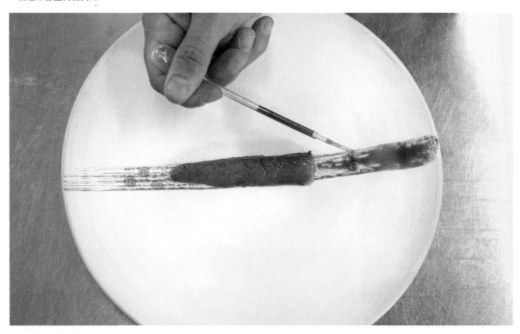

▲用高温枪烘烤黄瓜，赋予它类似鱼肉的口感

▲看起来像鱼肉的黄瓜

　　罗贝托将黄瓜用富含鲜味的海带汁腌制后，黄瓜吸收了海带中的鲜味，通过烘烤，赋予黄瓜新的、类似于鱼肉的口感。

　　食材的搭配，常见的是将几种有形的食材烹饪在一起，也有无形的搭配，就像罗贝托这样，通过腌制和发酵，将一种食材的味道融入进另一种食材当中。

　　经过高温火枪的烘烤，黄瓜中的水分消失，变成类似肉的质感，与此同时，附着在黄瓜上的鲜味成分谷氨酸也在高温中得到发散。将黄瓜去皮，用杜松烟熏之后，获得植物的香气。

▲用杜松烟熏去皮后的黄瓜

　　酱汁是用藻类食物加工萃取的，可以强化鲜味口感。整个烹饪过程更像是一场科学实验。

　　鲜味的魔力是两种不同的食物共同作用于味蕾，这种搭配在世界各种菜系里都很通用。在中国，我们做鸡汤时，会把鸡肉、鸡骨头和蔬菜、蘑菇一起煮，它们的味道会交融，并产生很多的"鲜"。而这种鸡肉与蘑菇的搭配，在中国最耳熟能详的要数东北名菜"小鸡炖蘑菇"。

鸡肉和蘑菇

在中国的东北，每到冬天，窗外大雪纷飞，没有什么能比灶台上一锅热气腾腾的小鸡炖蘑菇，更能给人们带来巨大的温暖和满足了。

冬天是黑龙江雪乡的旅游旺季，每天晚上，雪乡秧歌队都会扭起大秧歌，向游客们展示东北人的热情与豪迈。秧歌队里的孙淑杰经营着自家的家庭旅馆，即使再忙碌，她也愿意出来，用这种方式热热闹闹地将游客迎进家门。

▼东北的雪乡秧歌队

孙淑杰从1989年开始接待来雪乡的游客，她经营着民宿，在家接待到雪乡游玩的南方大学生，以及北方的摄影爱好者，那时候她自己做饭，没有厨师也没有服务员，饭菜都是根据家里现有的食材来做。近些年随着雪乡知名度的扩大，游客越来越多，要在服务上更胜一筹才能有更好的生意，孙淑杰决定为来家里住宿的每一位游客，都做上一锅自己的拿手菜——小鸡炖蘑菇。中国人注重鲜味，而东北菜里鲜味菜的代表就是榛蘑炖东北笨鸡。榛蘑和东北笨鸡两种食材都是东北的特色。坐在热炕头上，守着热乎乎的一锅菜，汤很浓，吃得很舒服……

▲为孙淑杰专程供货

▲对于小鸡炖蘑菇这道东北看家菜来说，榛蘑的品质至关重要

▲东北名菜小鸡炖蘑菇。加油和少许糖，使鸡肉上色，然后进行翻炒。炒出油后加入蘑菇，一只鸡放150~200克蘑菇

　　榛蘑是中国东北特有的山珍，味道极其鲜美，也是极少数不能人工培育的食用菌之一。经过晾晒的榛蘑，所含的鲜味物质要比新鲜时增加数倍，这也是菌类的干品比鲜品闻起来要香得多、味道也更加鲜美的原因。榛蘑携带着重要的协作鲜——鸟苷酸，接下来，它的老搭档该出场了。

　　土鸡肉富含氨基酸，是鲜味组合中不可或缺的基本鲜。当年的鸡不算好吃，最好选用2年以上的鸡。

　　用柴火烧的铁锅炖煮一个多小时后，鸡肉蕴含了榛蘑的香气，榛蘑也吸收了鸡肉的滋味。东北人用自家圈养的土鸡和大山里的榛蘑，示范了最经典的鲜味搭配。客人或自己家人吃小鸡炖蘑菇时，往往是蘑菇先没，鸡肉后没，大家都喜欢拣蘑菇吃。

　　小鸡炖蘑菇这道在中国家喻户晓的东北家常菜，用两种最普通的食材完成了基本鲜和协作鲜的完美搭配，让人们从嗅觉和味觉上都体验到鲜味搭配的奥秘。这个奥秘可以延展到富含不同鲜味物质的其它食材，让人们在烹饪中触类旁通，获得至臻至美的高级鲜。

龙虾和鱼子酱

对于表现鲜味的法式菜肴，法国米其林厨师埃里克·弗朗松（Eric Frechon）偏爱龙虾和鱼子酱的搭配。龙虾含有大量的核苷酸，鱼子酱的游离氨基酸含量则高得惊人，这两种高级食材的碰撞，又是一个基本鲜和协作鲜搭配的成功案例。

鱼子酱不是法国人发明的，却是法国人把它发扬光大的。埃里克选用的是来自法国卢瓦尔河谷、每千克高达2400欧元的索洛涅黑鱼子酱，为这道龙虾提味增鲜。

▼龙虾与鱼子酱搭配的成功案例

巴黎的米其林三星餐厅每年都会有变动，但是有几家餐厅的位置是无法动摇的，埃里克所在的美食家餐厅（Epicure）就是其中一家。埃里克烹饪的菜品以艺术搭配和鲜美口感著称，在权威杂志《大厨》2015到2017连续3年评选的全球100名顶级厨师中，埃里克排名第六位。埃里克在这家餐厅已工作将近20年，他来的时候这里已经是米其林一星了。埃里克说，成为主厨最关键的是热忱，还要具有创造力。

▼选取一只鲜活龙虾的一部分，这只龙虾特别大，大概有3千克重，所以最好的方式是将其做成半熟状。去壳以后，加入少许奶油和西芹酱，然后将这个去了壳的龙虾，加上盐和辣椒粉

▼埃里克烹饪的菜品

▲蒙巴纳斯餐厅

浪漫可以成为法国人的标签，但仅用美味却不能定义法餐。在法国人的心目中，法国美食是高高在上的，除了味道之外，还包含着精致、考究以及用餐的高雅态度等。

蒙巴纳斯餐厅（Montparnasse）创立于1900年，至今还保持着传统法国餐厅的风貌，并为客人提供经典的法餐。在这里用餐，恍惚间会有时光倒流的错觉。

伊瑞克·夏米（Eric Chamy）是蒙巴纳斯餐厅的主厨，他做的食物是特别大众化的法式传统美食，烹饪出与餐厅风格相协调的菜肴是他的工作。

奶酪是法国人最钟爱的食品之一，炸牛排配土豆泥则是标准的大众菜肴，鹅肝通常只会出现在高档餐厅的菜单上，而鸡蛋、番茄等富含鲜味元素的食材则是最常见的佐餐配料。

在法国，美食是一件特别重要的事情，几乎所有的美食搭配都有很多规则。比如哪种奶酪配哪种酒，吃鱼的时候要喝白葡萄酒。第五种味道——鲜味，如果要找一个法语词描述，就是"savoureux"，美味可口的。

▲将鸡蛋配在土豆青豆沙拉中，将番茄搭配在乳酪里，对鲜味食材的搭配，夏米深谙此道。为了成为法餐主厨，夏米已在巴黎追逐了30年梦想，在法国几个著名餐厅都有长时间的厨师经历，终于在蒙巴纳斯餐厅圆梦

▲蒙巴纳斯餐厅最受欢迎的菜是将牛肉切块与时蔬共同制成的菜肴，时蔬一般选取四季豆或咸土豆泥

多种食材的
绝妙混搭
—— 佛跳墙

第五味——鲜，似乎永远是一个包含了无数种可能的复杂呈现，因为不同食材的不同搭配，会产生无穷变化的结果。要想领略这种复杂和微妙的极致与精髓，必须前往中国的一个地方——福建。

"良辰吉时已到，有请花轿入喜堂喽！"

福州文儒巷的闽菜馆里，正在进行一场典型的中国式婚礼。所有元素都力求突显传统风格，当然，也包括婚宴的菜品，其中，最经典的非即将登场的这道菜莫属。这就是大名鼎鼎的佛跳墙。

佛跳墙最早出现的时候，被称作"福寿全"。寓意吃了这道菜，地位和人生可以达到圆满。

▼闽菜宴席

▲佛跳墙。鲍鱼要发一个星期。为了它的登场，后厨需要花费一周的时间来准备和打理数十种食材

它不仅是集山珍海味之大全的首席闽菜，更是鲜味元素极富层次感和可塑性的最佳代表。如此诱人的美味，扑鼻的香气从何而来？鲜味的秘密又在哪里？

福建背山面海，四季如春，食材异常丰富。古时，当地人就有喜食汤菜的传统并擅长制汤。福建厨师能在一种原汤中加上若干辅料，使原汤变化出无穷美味，素有"一汤十变，百汤百味"的美誉。

闽菜大厨姚建明平时在家颐养天年，只有在餐厅烹饪最重要的菜品时才会临场指导。

在福建，佛跳墙虽早有盛名，但真正走进国人视野，成为"高大上"菜品的代言，实现多层次的鲜味升级，却是缘于一个重要契机。

1984年，还是学徒的姚建明跟随师傅们来到北京钓鱼台国宾馆，在近3个月的时间里，对佛跳墙进行了6次改良，最终成功完成了迎接外国元首来华访问的国宴任务。姚建明也因此成为佛跳墙走出福建，变身享誉中外之国宴菜品的见证人。

1~5 制作佛跳墙的食
材，依次为闽北花
菇、瑶柱、海参、
鹿筋、裙边

早年间烹制佛跳墙，多以鸡、鸭肉为主料，汤浓色褐，口味醇香却略嫌荤腻。改良后的佛跳墙，鸡、鸭和猪肉不再作为最后食用的食材，而是炒制后熬煮成浓郁的汤底备用。这个过程，最重要的是每一种火候的精妙切换。

烹制佛跳墙期间需要人守着，3个半小时人不能离开。因为烹制过程分别需要用到大火、中火和小火，先用大火滚开，然后改用中火，最后改用小火，慢慢地提取其中的精华。所以若无人看守，大火就把精华全部散出来了。

佛跳墙的鲜味基底是富含氨基酸的香浓高汤。之后，新的主角悉数登场。闽北花菇、瑶柱、海参、鹿筋、裙边……名贵食材的添加不仅仅能带来口感和营养上的提升，更实现了各层级鲜味元素在同一道菜品中前所未有的绝妙混搭。

　　中国沿海地区的人们，自古就有制作和食用干货求鲜的习惯。便于保存的同时，也产生了鲜味元素，比如，菌类所含的核糖核酸会大量转化成鸟苷酸，这就是干货通常比鲜货味道更浓郁更鲜美的原因。

　　不同的干货，泡发的方法也不尽相同。对花菇来说，用70℃左右的热水泡发，可以最大程度地保持鲜味口感。鲍鱼要泡发一周，海参一般3天就够了，鹿筋也要3天才能泡透，手感达到嫩、软的状态就可以了。

▼制作佛跳墙的海参食材

▲将制作佛跳墙的材料摆入坛底

▲煨制前，用荷叶密封坛口

　　将泡发好的山珍海味依次摆入坛底。此时的佛跳墙在氨基酸家族之外，又加入鸟苷酸家族的花菇、肌苷酸家族的瑶柱等海鲜，它们都散发出各自的"鲜味小天使"，彼此之间充分反应，使鲜味元素成几何倍数增加，鲜味口感也被无限放大。

　　用荷叶密封坛口，让荷叶的清香之气锁住这一坛充满无数鲜味分子的天地精华，再经数小时煨制，静待最后开坛惊艳的时刻。待这道菜一上餐桌，揭开坛盖，香气便弥漫整个厅堂，正所谓"坛启荤香飘四邻，佛闻弃禅跳墙来"。

　　人们品尝佛跳墙，在鲜香醇厚的滋味中，获得味觉、嗅觉的极致体验。这种滋味的美妙能够丰富人们对鲜美味道的认知，获得不同层级的鲜味感受。

　　我们吃到的蘑菇很鲜，它在嘴巴里面的鲜味像是一条很狭长的线；但当我们吃到鱼肉时，它是动物蛋白，它的鲜味就比较宽和丰满；但当你品尝到佛跳墙的汤时，你会感觉到整个嘴巴充斥了满满的鲜味，它有一个很长的回味时间，而且会让你产生一种很强烈的记忆感，这是很有冲击力的味觉体验。

　　十几种主料、几十种辅料煨于一坛，各种食材互相渗透，既有交融的异香，又不失各自风味，中国各大菜系的菜品中，或许也只有佛跳墙能够做到如此华丽的呈现。

鲜味小结

　　一千种食物，可以呈现出一千种鲜味。从食材的搭配到五味的调和，从东方到西方，从日常到盛宴，从百千年实践而来的经验直觉，到洞悉分子世界的搭配密码，所有努力的终点都是属于鲜味的"天作之合"。

中国作家阿城说，思乡是胃里的蛋白酶作用；丹麦"鲜味教授"欧雷说，食物塑造人、影响文化。因此，不同地方的人、食材和烹饪方法，往往大异其趣，煎三文鱼、松鼠鳜鱼和金枪鱼刺身的不同，就好比油画、水墨与浮世绘的差异。但可以肯定的是，至少有一点是人类饮食的共同追求，那就是对"鲜"的渴望。"鲜"是什么？我们要表现的不是"fresh"（新鲜），而是一种味道，它并不像酸甜苦咸有明确的指向，它不会给味蕾带来直接的刺激，而往往是一种难以名状的愉悦，日语给了它一个专用的词"umami"。

"鲜"勾起了我的好奇，当我们获得美味感受的时候，视觉味觉是首先被调动的感官系统，在看了那么多美食呈现后，人们是不是也会想去解锁其"密码"？

在纪录片前两集已经解释了氨基酸和核苷酸的基础上，在我执导的第三集《天作之合》里，探讨了搭配的丰富和奇妙，在食材的配合之间，将超出本味，形成全新的鲜味，即出现"1+1大于2"的效果。

哥本哈根大学食品科学系的"鲜味教授"欧雷·莫里森专门写作了一本书《鲜味》(Umami——Unlocking the Secrets of the Fifth Taste)，这本书曾获得丹麦国家食品传播大奖，也是我最初学习了解鲜味知识的宝库。当我联系到欧雷教授时，他很热心地迎接我们到哥本哈根大学采访拍摄。巧合的是，我向他询问丹麦连续6年世界排名第一的诺玛餐厅时，他告诉我，诺玛餐厅的智囊——北欧食品实验室也搬到了他所在的食品科学系办公楼的一层。于是，在一个开放校园的一栋典型北欧风格的建筑中，我们拍摄到了欧雷教授和他的朋友罗贝托厨师。他们用最简单的曲奇和黄瓜，为我们做了奇妙的鲜味实验（欢迎回看节目）。

在实验室里，欧雷教授用科学家理性的实验手法向我们介绍了大自然的食物中蕴藏了哪些鲜味物质，同时也演示了如何提取鲜味成分。这些鲜味物质存在于肉类、海鲜等食材中，而使得鲜味激增的办法就是发酵或干制食材，例如法国岩洞里在幽暗中缓慢发酵的奶酪，挂在中国东北农户门框上被阳光夺去水分的榛蘑，海边风中舞动结晶出盐粒的海苔，以及风干的番茄、虾仁等，都是异常鲜美的食物。

法国巴黎的布里斯托（Le Bristol）酒店保持着古老的精致，房门要使用钥匙，电梯需侍者手动推拉铁门。酒店一层的米其林三星餐厅由世界厨师排名第六位（2017年）的大厨埃里克主理。欧洲的八月正是休假的时节，接到我们的邀请，埃里克特意提前返回巴黎，他很斯文，打理得一丝不苟的头发、价格不菲的手环和不经意间露出法国国旗三色的领口，透露出他对细节的苛求。

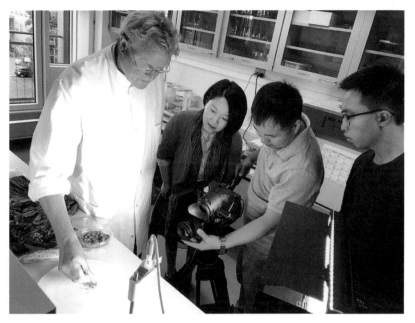

▲在哥本哈根大学食品科学系实验室拍摄鲜味食材

　　埃里克为我们展示了他认为的"鲜"味搭配——龙虾配鱼子酱，我不担心厨师搭配的专业性，但不希望米其林的水准主要体现在食材的昂贵上。然而埃里克告诉我要反过来理解：米其林不是只选贵的，而是因为优质所以贵。在酒店的菜单上，可以看到埃里克主理的菜品很丰富，用到炖、煮、炒等很多技巧。而对于我的命题作业"鲜味菜肴"，他用的是却看起来极简单的烹饪步骤，我想其中蕴含着法餐的精髓——最大限度保留食材的味道，并使优质食材间的鲜味物质相互激发。

▲米其林三星大厨埃里克

▲东北小鸡炖蘑菇拍摄

同样是对待海鲜，苏格兰爱丽思卡酒店的大厨康纳充分利用了大海的味道。

爱丽思卡岛与苏格兰被海分隔开，在这个与世无争的度假小岛上，核苷酸丰富的"三文鱼"和富含氨基酸的"藻类调料"仿佛是大自然赐予的绝妙配方。

中国家喻户晓的"小鸡炖蘑菇"，也是用最简单的搭配和毫不复杂的手法，奉献了令人向往的美味和属于"家"的温暖感受。这道菜更加极致的是，连食材都是最家常的——一年半的土鸡配上山里的榛蘑，每个家庭主妇都能端上桌，最普通而又最符合"鲜"的道理，这道菜是对于"鲜"最直接的阐释。之所以拍摄这个最没有"悬念"和视觉冲击力的案例，就是希望告诉观众，我们只需了解一些鲜味知识，就可以在日常餐食中提升一些鲜味品质。

东方和西方对鲜味认识有不同之处，也有很大的相同之处。无论是巴黎米其林三星餐厅里的昂贵菜肴，还是中国东北土灶里的炖菜，若从食品化学的角度解释，背后都是同样的科学原理。蛋白质类食材贡献鲜味的核心元素——谷氨酸，作为协作鲜的核苷酸团队贡献激发鲜味的力量，这些术语听起来复杂，但是看了分类我们便一目了然。核苷酸通常由鸟苷酸和肌苷酸组成，我们国人烹饪常用的蘑菇类就是富含鸟苷酸的食材，而虾蟹类海鲜则是丰富的肌苷酸类食材。因此，不难理解为什么小鸡炖蘑菇会这么香，它就是最典型的基本鲜和协作鲜搭配的产物。

了解到以上知识和一些基本的食物属性，就可以自己搭配出美味的鲜味菜肴，这是烹饪的乐趣，也是生活的乐趣。

在这一集的拍摄案例里，从极致经典的小鸡炖蘑菇到豪华配置的佛跳墙，从英国天然食材小岛的三文鱼到法国米其林三星大厨手下的龙虾鱼子酱，各种鲜味令人炫目，同时，鲜的诱人之处正在于它的多面性和变幻莫测。

我们力图从科学角度解释"鲜"，也尽可能让观众和读者直观感受到获得鲜味口感与食材是否昂贵没有必然联系，它的原理普遍存在于随处可见的食材中：可以存在于每一餐饭、存在于家人奉献的日常菜肴、存在于故土的给予。这也是"鲜"的美好之处。

最后要感谢音乐家马克斯·里希特（Max Richter）的维瓦尔第（Vivaldi）给予我创作的灵感，并感谢所有支持这个节目拍摄的朋友。

4

鲜味的
秘密 /

活色生鲜

鲜，神秘而又隐晦，它深藏于食材之中。

上千年来，人类使用各种充满智慧的手段，将鲜味释放并无限扩大。在所有加工手段中，烹饪是最丰富并且被使用最多的。从寻常百姓到高级大厨，世世代代交叠变幻的人间烟火中，隐藏了多少获取鲜味的秘密？

扫一扫看精彩视频

日本天妇罗之神

做了半个多世纪的职人，过手2000万个天妇罗。他就是日本料理界公认的天妇罗之神——早乙女哲哉。

东京，古称江户，是世界上人口最多的城市，闪耀的霓虹灯和直插云霄的高楼组成了这里科幻小说般的街景。

东京也是美食爱好者的天堂，日本四面环海的地理位置，注定日本料理的食材必以品种丰富的海鲜为主，吃法也多以水煮、火烤或者生食居多。还有一种独步江湖、令人印象深刻的美食，这就是天妇罗。

▼以丰富海鲜为主的日本料理

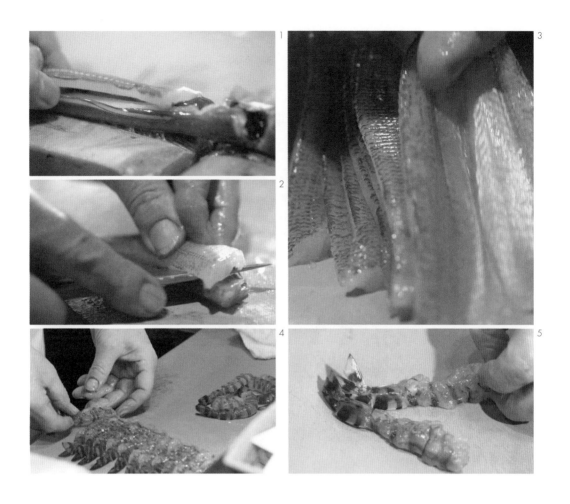

用面衣锁住食材的水分，用温度调动出食材的鲜美，表里截然不同的独特口感，刺激着人们的味蕾。看似普通的油炸食物，制作水准却有云泥之别。如何在不损失营养和口感的基础上，最大程度保留和释放食材的鲜味？整个日本唯有一人技艺已臻化境、炉火纯青，他就是早乙女哲哉。

早上9点，魔幻的东京还没有开始显现它的繁华，早乙女和徒弟们就开始忙碌起来，他们要准备一天的食材——各类小海鲜、蔬菜达15种。

获取美味的第一步从处理食材开始。5厘米长的沙钻鱼，剔骨时肉会分两边，如果左右两侧肉的厚度不一样，就会影响炸制时的平衡以及最终的美感。面对来自不同海域的九节虾，去除外壳的手法却要拿捏到位，才能使虾的关节断裂但外观却保持完好，没有纤维阻隔的虾肉，口感更加柔嫩。

1~3 处理沙钻鱼
4、5 处理九节虾

▲早乙女的餐厅

　　准备好食材，也到了开门迎客的时间。早乙女的餐厅面积不大，一次最多可容纳12人就餐。客人们来自世界各地，他们需要提前2个月预订。如此的执着和耐心，不仅是为了品尝超一流的日本料理，更是为了一睹天妇罗之神的真容。

　　客人落座后，早乙女开始了真正的"表演"，此时的舞台只属于他一个人。

不同食材所挂面糊厚度不尽相同，要依照其特性、体积、炸制时间和温度等多重因素综合判断，太厚容易掩盖食材本味，太薄则容易焦煳。在早乙女看来，水分是炸制天妇罗的关键，这直接决定着它的鲜味口感，而水分的控制取决于炸制的温度和时间。炸虾几乎是每位客人必点的菜品，下油锅23秒后随即捞出，此时面皮滚烫，松脆可口，而虾肉的温度却只有45℃左右，这正是最能让人尝出鲜味的温度。

一切都在早乙女的"算计"当中。若无上千数据在心，很难把握得恰到好处。

一顿饭下来，至少要站立2个小时以上，这对一个七旬老人来说不啻是个挑战。晚上还有一批客人，为保证有充足的体力，早乙女会提前开始用餐。

1、2　出自早乙女哲哉之手，松脆可口的天妇罗
3　　　几乎每位客人必点的炸虾

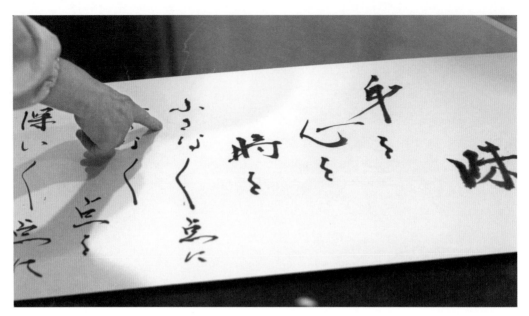

▲早乙女的书法作品

　　每周三是早乙女的休息时间，却比工作日还要忙。参加艺术作品展、与艺术家们交流，一直是他乐此不疲的事。

　　这样一次次的观摩和感受，同样为料理带来源源不断的创作灵感。

　　在早乙女看来，把身体、心灵和时间都投入到一个很小很小的点上，再把这个很小的点变为很深的点，把这个过程当作自己目标去追求的，就是事业。人们总是试图展现最大的"点"，而早乙女只想展现那个最小的。不追求积点成面，那是看起来的平面面积，而是追求立体深度，做一个最小面积但最有深度的点。

　　时至今日，早乙女已炸过大约2000万个天妇罗，但他依然会不断追问：哪里还能做得更好。这正是源自日本江户前时代的"职人"精神。无论前一秒如何，站到料理台前便调息凝神，以数十年心得，换一个无人能及的天妇罗。

　　如果说观看早乙女炸制天妇罗，就像是欣赏一个艺术家的表演，那么目睹另一道美味的诞生，则会令人惊叹不止。

令人拍案叫绝的肉包肉

肉燕因形似燕子而得名，因福州话里鸭蛋与"压乱"谐音，寓意"太平"，故与鸭蛋同煮的肉燕，又称太平燕。

在福州，无论逢年过节、婚丧嫁娶还是亲友聚别，肉燕都是福州人餐桌上必不可少的一道主菜，有"无燕不成宴，无燕不成年"的说法。

▼福州肉燕

肉燕看似普通的皮包肉，其最惊人的秘密藏在皮里，不仅在于制作的复杂，更在于它的出身，因为这并不是普通的面皮。

50岁出头的陈君凡，从小就跟随父亲学习制作肉燕，已经是第四代传人。每天运来的肉燕食材，他都要亲自过目，食材一定要选取农家养的鲜活猪肉。

新鲜的猪后腿肉中，富含鲜味物质谷氨酸和肌苷酸，这是肉燕鲜味的主要来源。然而，陈君凡并不是用它来制作肉馅，而是用来制作包裹肉馅的皮，又叫燕皮。这个过程神秘而惊艳。

▲这些直径50厘米的木墩和重达2千克的荔枝木槌是成就肉燕美味的必备工具

▲用木槌敲打猪肉制成肉泥，若用刀剁会切断肉的纤维，并且导致肉的水分流失，所以制作燕皮不用刀剁。并且敲打过程中不能停歇，否则肉会僵硬而坏掉

反复捶打20分钟后，鲜肉变成肉泥，紧接着必须马上进入关键的下一步：碾压成皮。这步一定要在肉泥最活跃、最新鲜的状态下一气呵成，将肉泥碾压成皮，如此味道才会鲜美。

最大的燕皮长可达12米，宽3米，厚0.2毫米，薄厚均匀，其薄如纸。

1 制作燕皮
2 最大的燕皮需要好几个人才能展开
3 薄如纸的燕皮

▲调制肉燕的馅料

制作燕皮耗时费力，肉馅的调制也不能有半点马虎。陈君凡根据30多年的经验，选取上好的五花肉、鸡蛋、虾仁、干贝等食材精心调配，这是一个绝妙的组合。

五花肉特有的香气丰满醇厚，鸡蛋中的谷氨酸与虾仁、干贝中的鲜味物质核苷酸具有协同作用，最终使肉燕的鲜味口感成倍放大。也成就了这道福州最有传奇色彩的美食——福州才有的"肉包肉"。

经过千锤百炼的燕皮韧而有劲，有明显的咀嚼感，经过精心调配的肉馅清香嫩滑，入口后鲜味浓郁持久。

肉燕是一门已经传承了几代人的手艺，陈君凡感到很自豪。他甚至把孙子孙女的名字，都与肉燕紧紧联系在一起。孙女出生的时候叫丝丝，朗朗上口。后来她又添了一个孙子，叫皮皮，陈君凡说："男孩子要活泼，要调皮，才有活力吧"。

时间是获取鲜味的关键因素。一碗味道鲜美的肉燕必须选取最新鲜的猪肉，在最短的时间内捶打成肉泥、碾压成燕皮。而另一道极致美味则必须经过一夜的等待。

一
夜
埕

　　天刚刚亮，林大妈便匆匆赶往码头，她要在第一时间抢到来自深海的美味。

　　海陵岛是广东省第四大岛。每天早上五点到九点，岛上的闸坡码头都热闹非凡。此时，出海捕鱼的渔民渐次归船靠岸，就地展

示和售卖他们多日的辛劳。

　　林大妈寻觅的是一种生活在深海的极鲜美味——刀鲤鱼。

　　林大妈在农贸市场经营鱼摊已经有15年了，老伴去世后，生意由她一个人张罗。

　　对于刚进的刀鲤鱼，林大妈并不急着出售，她知道，要成就刀鲤鱼的至鲜，还需要一个特别的过程：去除鱼鳞，确保盐分更好地浸入鱼肉；从鳃部取出内脏，保留鱼的完整、美观；在鱼腹中塞满粗盐，利于充分腌制；把鱼倒立在盐堆中，便于控出多余的水分。

　　一番"刀光剑影"之后，只需静静等待一夜，美味将会慢慢生成。

　　2个小时的忙碌，林大妈腌制了15斤刀鲤鱼，一天的工作也即将结束。

1 热闹的闸坡码头

2 刀鲤鱼通体红色，大小适中，肉质细腻，是广东一种独特美食必不可少的食材

3 腌制前的准备工作

4 将刀鲤鱼倒立放入盐堆中

5 腌好的刀鲤鱼

▲腌制好的鱼在晾晒

    腌制最早是沿海居民保存食物的方法，却无意间赋予了食物更加浓郁的鲜味和独特的风味。在食盐的作用下，新鲜的刀鲤鱼开始悄然发生变化，鱼肉中的蛋白质在组织蛋白酶的作用下，降解释放出游离氨基酸、多肽和肌苷酸等鲜味物质。

    一夜的腌制时间既能保证海鱼不损失更多的新鲜，又不会使鱼肉过咸，口感最佳。在当地，它有一个特别的名字：一夜埕。

    一夜埕在当地属于家常食材，不过，对擅于烹调海味的广东人来说，一定会费尽心思做出各种花样。干煎一夜埕是最简单、直接的鲜味呈现。一夜埕蒸五花肉使五花肉的荤香与刀鲤鱼的清鲜相得益彰。然而，最受广东人欢迎的还是传统做法：油煲一夜埕。油煎几分钟，这个过程有助于鲜味氨基酸的释放和核苷酸类鲜味物质的降解，再加入清爽的配料，焖上10分钟即可，这样做出的鱼肉口感紧实，味道鲜香、浓郁。

    林大妈将一夜埕拿到市场去卖，15斤一夜埕一天下来所剩无几，林大妈给自己的晚餐留了2条，作为对自己一整天辛劳的犒赏。

    如今，每天的早出晚归依然是林大妈习以为常的生活，而刀鲤鱼便成了这生活中的小确幸，时时给她带来幸福和满足。

▲干煎一夜埕

▲一夜埕蒸五花肉

▲油煲一夜埕

江浙文化的
细腻绵柔
——腌笃鲜

利用腌渍和发酵来保存食物，这个办法古已有之，除了腌鱼，腌肉更是其中最典型的代表。

清明时节的一场春雨，在浙江杭州北部的莫干山区已经连续下了2天。此时，阿郎正焦急地等待雨停，因为他要进山去寻宝。

竹子生长速度快，笋的实际采集时间很短，尤其讲求时令。笋四季皆有，而春笋因其短暂的出笋期，在每年只有一个月的时间里，才能贡献给人们一道极鲜美味，这就是属于春天的腌笃鲜。

雨刚刚停，阿郎便出发了。

阿郎家有一片竹山，大概十几亩地，山上有各种笋，小时候他经常到这边来挖笋。

莫干山历来以竹、云、泉而闻名。浓密青翠的竹林，碧绿、幽静，也是阿郎最终决定回到家乡的原因之一。

▼腌笃鲜

▲莫干山

▲春笋，是备受中国人青睐的食材，数千年来，它在中国人餐桌上的地位从未被撼动

　　一批客人冲着"尝鲜无不道春笋"专程从上海来到莫干山，阿郎不敢怠慢，于是亲自采挖春笋。阿郎有自己的选笋诀窍：与青绿色的笋相比，黄色有点白色的笋口感更好、更清甜。

　　笋的蛋白质含量高于很多蔬菜，在历史上被称为"蔬中之王"，其味道鲜美，天冬氨酸等鲜味氨基酸是它的鲜味基础。古代的读书人非常看重它，正所谓居住之处不能无竹，餐桌之上不能没笋。在品种繁多的各类笋中，春笋尤以汁液饱满、爽脆鲜甜而受到当地人的特别偏爱。

　　春笋已经备好，另一个主角——五花肉就该登场了。

▲制作腌笃鲜的食材

▲烹制腌笃鲜

在中国的江南，不同地域的"腌笃鲜"有不同的食材搭配。大部分人理解的腌笃鲜是咸肉加笋的搭配，从而形成了腌笃鲜的主格调，但是在这个过程当中，各地可以根据食材的不同，加入各种各样新鲜的或腌制的食材，让腌笃鲜的味道更丰满。

阿郎所在的莫干山一带，腌笃鲜只需腌肉和笋两种食材，当地人认为，一块上好的腌肉足以吊出春笋的鲜。若腌肉的口味太重，很容易把笋的清甜味覆盖掉，就体现不出笋的鲜味了。

腌肉通过爆炒去除腥味，春笋被切成滚刀块，更有利于炖煮入味。爆炒一两分钟后，进行长达30分钟的"笃"。

等待的时刻也是阿郎的惬意时光。十几年在外劳苦奔波，如今回到大山里的家乡，阿郎非常享受深山竹林带来的这份宁静。

30分钟炖煮后，汤汁呈现出乳白色。腌肉的咸鲜厚重，笋的山野清鲜，经过长时间的"笃"，便可以达到鲜上加鲜的效果。这个过程腌肉释放出的另一种鲜味成分肌苷酸，与春笋中的谷氨酸相互交融，形成咸鲜协调、口感饱满、后味持久的复合鲜味。

腌肉鲜香浓郁，春笋丰盈油润，两种不同的味道互补、醇厚绵长。每当看到客人们露出满意的笑容，都是阿郎最开心的时刻。

十几年在外打拼，多年的炉火淬炼，过手的上百道菜中阿郎最钟情的还是这道经典的腌笃鲜，它的每一次出场，都是天时、地利、人和的完美相遇。

有钱没钱，吃碗跷脚就是一天

在鲜味的世界里，如果说腌肉与春笋代表着江浙文化的细腻绵柔，那么更接地气的跷脚牛肉和火锅，便是蜀地人民生活方式的代言。

四川峨眉山市因山得名，与其同样闻名遐迩的还有50公里外一尊已端坐千年的乐山大佛。

每天傍晚，小城的一家跷脚牛肉火锅店都会聚集八方来客。吸引他们的就是一锅牛肉汤。十几种食材，十几味中草药，精心熬制4个小时，汤色澄澈清亮，味道鲜醇厚重。

▼人满为患的跷脚牛肉火锅店

刘咏梅是这家跷脚牛肉火锅店的老板，虽然生意红火，她却心事重重。自从母亲因一场大病被迫截肢后，刘咏梅也不得不全面接手家族的生意。

清晨六点，峨眉山市的街道还很安静，新鲜的牛肉和牛骨就已经送到了店门口。

乐山市坐落在岷江、青衣江、大渡河三江交汇处。在距今一万年前，三江流域沿岸就已经有先民活动的足迹。

100多年前，这里曾是繁华的码头，往来船只如梭，也缔造了一个美食传奇。传说纤夫因为觉得将牛杂碎扔在河里可惜，于是打捞起来，在三江汇合的地方将它烹饪成一道非常可口的菜。吃的时候，连个坐的凳子都没有，就把脚放在桌子下面，经久累月，人们便把这道菜的名字称为跷脚牛肉。

▼新宰的牛肉，还未收汗

▲熬制跷脚牛肉汤

要熬制一锅鲜美的跷脚牛肉汤，最考验智慧和技巧。将新鲜牛骨焯水，去除血沫，这是保证汤色清纯的前提。重新注入冷水后，主角再次登场。牛骨、牛杂之外，鸡架骨也是必不可少的鲜味要素。

产自峨眉山本地的小黄姜个头小、味道浓，去除肉腥味主要靠它。牛骨、牛杂和鸡架骨富含鲜味氨基酸中的谷氨酸、天门冬氨酸等小分子，在高温作用下，这些鲜味元素充分释放，并不断改变着汤的味道。香菇富含大量的鲜味物质鸟苷酸（属于一种协作鲜），它的"加盟"为牛肉汤锦上添花。至此，各路角色均已登场，只差最后一个家族没有现身。

十几味中草药根据不同季节变换组合，经过十几分钟的炖煮便足以释放功效。

经过长达4个小时的熬煮，食材中的蛋白质分解释放出大量游离氨基酸，其中谷氨酸是最主要的鲜味氨基酸，它与肌苷酸、鸟苷酸互相协同，使鲜味成倍增加。这锅富有本草清香的跷脚牛肉汤，汤汁清鲜，滋味绵长。

▲跷脚牛肉蘸辣子，非常美味

▲将牛肉在蛋液中搅拌后食用，更加鲜美

　　有了一锅好汤，涮菜也要讲究。跷脚牛肉里有一个非常有代表性的菜，几乎每一桌必点，即九秒牛肉。精选上等牛肉，切成薄片。在这道菜里，点化牛肉的高手其实就是极其普通的鸡蛋。哪怕只有短短的9秒，对牛肉中的肌苷酸和鸡蛋中的谷氨酸就已经足够，两种鲜味元素胜利会师，联手释放出成倍的鲜味。刘咏梅的妈妈常说一句话："有钱没钱，吃碗跷脚就是一天。"这句话的意思是说，不管是有钱没钱，你都有享受生活的权利。所以跷脚牛肉在某种程度上也反映了四川或乐山地区人们的休闲和安逸的生活状态。不管是霹雳的雷声，还是瓢泼的大雨，都阻挡不住人们想吃跷脚牛肉的心。

　　即使生意再忙，刘咏梅都会把更多时间留给母亲。母亲曾用这锅汤养活了一家老小，却晚来大病，意志消沉，总觉得自己拖累了家人。直到有一天，刘咏梅把母亲推到店门口。看着宾客满座的场景，母亲露出了笑容。刘咏梅说："母亲哪都不想去，每天能够从家里出来看看店铺，看到宾客满座的场景她就很开心，可能这就是她想要的生活吧。"

鲜味小结

　　有时候，食物不仅可以满足人们的口腹之欲，更是对经年累月的付出和一生辛劳的最大慰藉。

　　人类发现了食材自身鲜味的秘密，但我们最终尝到的、经过烹饪后的"鲜味"却远不止于此。

　　万千风情的鲜却又不仅仅是一种味道，它更包含着人们对食材的珍惜与尊重、对真味的提炼与升华，和对生命永无止境的探索。

5

鲜味的
秘密 /

鲜之精华

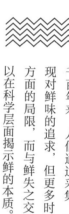

千百年来，人们通过采集、晾晒、烹制、发酵等手段实现对鲜味的追求，但更多时候，却因为时间、经验等各方面的局限，而与鲜失之交臂。直到近代，人类终于可以在科学层面揭示鲜的本质。

扫一扫看精彩视频

对味精的误解

食品加工手段的飞跃，让鲜味可以浓缩为一粒粒结晶——味精。至此，人们对美味的追求变得轻而易举。

但是，一个偶然事件的发生，却让味精在诞生之后的近半个世纪饱受质疑和诟病。

1968年，一位美国加州的医生来到中餐馆吃饭，用餐几个小时后，突然出现心悸、四肢麻木、浑身无力等症状，他猜测这可能是由于中餐里添加的味精所致。于是，他把这个经历和他的主观猜测研究发表在《新英格兰医学杂志》上。

没想到这篇并不科学严谨的文章，在医学界乃至民间都产生了深远的影响，这种因食用味精而导致的身体不适，甚至被命名为"味精综合征"，又被称作"中华餐馆综合征"。这次事件过去50多年，因未加科学剂量的表述，将科学的东西与日常的经验混淆，所以到现在为止在全世界范围内这样的误解仍在流传。

为了弄清楚这一谜案的真相，我们将从味精的诞生国日本开始。

从汤豆腐说起

　　日本味之素公司是全球最大的氨基酸供应商之一，他们进行了一次味觉体验，让人们品尝晒干的圣女果和奶酪，在尖锐直接的酸味消失后，有一种持久的美妙回味，这就是鲜味。

　　日本是世界上最早在分子科学领域发现鲜味秘密的国家。这源于一道极简美味——汤豆腐。

▼日本汤豆腐

▲日式餐厅都会有与豆腐相关的菜品

　　就历史而言，京都才是真正的日本。这座几乎完全仿照唐朝长安建造的城市，拥有1000多年的建都史和1000多座古老的寺庙。

　　无论是精致素雅的庭园，还是秋日岚山的红叶，无疑都是最能够代表日本传统的地方。

　　京都盛产全日本最优质的豆腐。这和它高品质的地下水，以及历史上数量众多的僧侣有着密切关系。

　　清晨六点的京都锦市场，还是一条寂静的街道。

　　此时，一家豆腐作坊里，两位年近七旬的老人已经忙了起来，他们要准备制作一整天出售的豆腐。

　　2个小时后，50多千克豆腐已经制作完成，它们将在最短的时间内被运送到需要的人手中。

　　时至今日，在任意一家日式餐厅的菜单上，都能轻易找到与豆腐相关的菜品，藤本先生的餐厅也不例外。

藤本先生是土生土长的京都人，十几岁时便开始学厨。20多年来，他最喜欢也最拿手的，就是这道经典的家乡菜——汤豆腐。

一块海带加入清水中，鲜豆腐切块入锅，与海带同煮，20分钟后即可食用。

在这道极简的美食中，海带并非作为主材食用，它更重要的使命是赋予味道清淡的豆腐以美妙的滋味。而鲜味的核心秘密正是从海带中发现的。

1908年的一天，东京帝国大学化学家池田菊苗教授下班回家，吃到妻子制作的汤豆腐，发现味道非常鲜美。他认为这可能是海带起到的作用，于是，池田菊苗把海带带进了实验室，试图从中找到汤豆腐鲜美的原因。

▲制作汤豆腐：将豆腐与海带同煮

▲大约从19世纪末到20世纪初，世界各国发明了多种多样的调味料。这中间有从牛肉里提取的浓缩精华素，以及后来出现的粉状中国鸡精，都是世界各国为了方便大量烹饪而研制的简易方便的调味料。同样，日本也发明了只提炼出鲜味的谷氨酸钠，也就是味之素

　　池田菊苗在海带的萃取物中发现了多种无机盐和有机酸，其中谷氨酸钠含量较高，于是，他将这个成分分离出来，制成小小的晶体并进行品尝，虽然起初有明显的酸味，但当酸味渐渐消退，留在口中的却是与日式高汤相似的味道，池田菊苗把这种味道命名为"umami"，含义是"味道的根本"——日本人所谓的"旨味"，也就是鲜味。

　　而汤豆腐的鲜味来源正是海带中的谷氨酸钠，它们大量存在于竹笋、大豆、成熟的番茄以及鸡肉等动物性食材中。通过火烤、炖煮等烹饪手段，食材中的蛋白质被打破，分解释放出一定量的谷氨酸钠，人们就能尝到鲜味。但是这个过程耗时费力。

　　池田菊苗想让人们更便捷地获取鲜味，这就需要提取大量的谷氨酸钠。因为海带成本太高，他最终成功地从小麦、大豆和甜菜等食材中提取出谷氨酸钠的晶体，将之命名为"味之素"，意为味道的精华，中国人称之为味精。1909年，池田菊苗为他的研究成果申请了专利，并成立了味之素公司。

　　不过，单纯品尝味精，鲜味并不明显，它必须与食盐相结合效果才能更加惊艳。

　　味精遇水溶解后，分解成钠离子和谷氨酸盐离子，但此时，微弱的钠离子还无法激发出强烈的鲜味，加入食盐后，丰富的钠离子让奇观开始显现，令人愉悦的鲜味弥漫口腔。

清鲜的
日式高汤

　　不过，在味精出现以前，日本人同样以他们对食材的领悟，创造了为食物增鲜的绝妙方法。以海带和柴鱼片这两种食材为原料的日式高汤，就是被日本人奉为"旨味"的经典代表，也是日本料理的灵魂所在。

　　利用海带和不同的柴鱼片调制高汤，可以说是日本的传统文化了，这带给人们一种实实在在的美味感受。很多日本人都注重利用不同味道的高汤来做不同的料理。

　　日本四面临海，渔获丰富，料理的食材不仅以海鲜居多，鲜味的来源也多来自海产品。

　　柴鱼的木质化其实是特定菌种的菌丝集合。如同木头一样坚硬的柴鱼，只能用特殊的工具才能刨成薄如纸片的柴鱼片。

　　把海带放入冷水中，小火炖煮，不能沸腾，否则汤水的口感会略苦。二十分钟后，海带中的谷氨酸钠充分溶解在水中，此时，再加入柴鱼片，一锅鲜美的日式高汤便可完美呈现。汤色清澈，口感细腻，鲜味浓度远高于单一食材释放出的鲜味。

　　奥妙就在于两种食材分子层面的完美搭配：海带中的基本鲜谷氨酸钠和柴鱼中的协作鲜肌苷酸的相遇，促成了鲜味口感的成倍放大。这就是和食料理人用来制作无油料理的秘诀。

柴鱼片因品种不同颜色也 ▶
会有差别，不同品种和产
地的柴鱼做出的日式高汤
口味也不尽相同

浓厚的中国高汤

　　中国是一个比日本更加古老的鲜味国度，支撑数千年鲜味传奇的也是一锅锅高汤。日本人对任何一种食材都要求达到精致化，所以日本的汤是清鲜。而中国因为内陆比较多，所以我们谈到了动物性代表——羊和鱼，长时间熬煮得到的汤必然会浓厚，这样中国高汤的油脂就非常多，所以我们的鲜味就厚重。

　　棒骨是中国高汤的主要食材之一，用大火煮沸，然后转小火慢炖，便可获得颜色乳白、口感浓郁的汤汁。

　　不同的菌类也是中国高汤青睐的食材。菌类富含鲜味物质鸟苷酸，只需小火快煮便可成就一锅鲜美的高汤。

　　用淡水鱼熬制的鱼汤，也是中国高汤的一大类，更多时候，它们会因极其鲜美而被直接食用。

▼棒骨熬制的高汤

季亚军是一家鱼味馆的主厨，出生于鱼米之乡的他，从小就接触淡水鱼，因此对江鲜的烹饪有着自己特别的偏好和精到的技艺。

八宝鱼头汤是江浙地区家喻户晓的一道汤菜。最鲜美的汤必定要用最新鲜的食材。季亚军只选来自千岛湖的胖头鱼，每一尾的生长期都在七八年，仅鱼头就重达10多斤，这样的胖头鱼体内富含大量的营养和鲜味物质。

把处理过的鱼头放入冷水中，大火熬煮一个小时，鱼头中的胶质便溶化入汤，呈现出如牛奶一般的色泽和质感，这便是高汤中的奶汤。

将鱼头移入砂锅。将陈年火腿、蛋饺、虫草花、豆腐、鹌鹑蛋等八种富含鲜味元素的辅料也一并加入，伴随文火慢炖，鱼肉中的肌苷酸与辅料中的多种游离氨基酸互相碰撞和交融，使鱼汤的鲜味口感成倍增加。

从高汤中品味至鲜，这个方法虽古已有之，却不是寻常人家能够轻松获取的。

▼八宝鱼头汤

在中国，还有另一种更亲民更具代表性的高汤，这就是老母鸡汤。

对中国人而言，一锅鲜美的老母鸡汤，承载的既是经典之鲜，也是记忆中母亲的手艺和家的味道。

每个周末，彭玉华都会带上妻子和女儿回到大山深处父母的家。对于久居都市的人来说，这是一种奢侈。

大山里的家，不仅有父母的笑脸、清新的空气，更有诱人的美味在等着他们。

儿女们回来，是老两口最开心的时候。一桌精心准备的饭菜是必不可少的，野菜只是点缀，鸡汤才是主角。

鸡肉同时富含氨基酸和核苷酸两大类鲜味物质。而散养的老母鸡因为生长周期长、食物多样、运动较多，蛋白质和氨基酸含量就更高。

要炖出一锅鲜美的鸡汤，老人还有另外一个秘诀，那便是山间的泉水。

在中国，老母鸡汤的制作方法大同小异，各地会根据当地特产

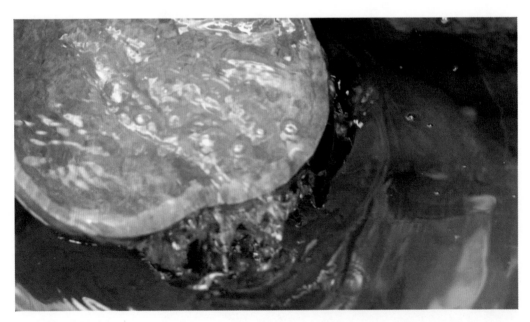

▲ 用来炖鸡汤的山间泉水

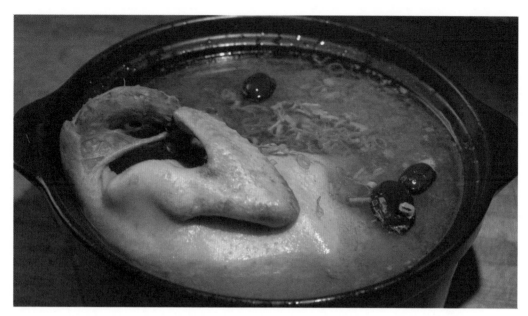

▲老母鸡汤，表面看起来像一层黄色的油，喝起来感觉油大而不腻，比较清香，这对彭玉华来说是一种妈妈的味道

添加不同的配料。

　　熬煮老母鸡汤是以水为介质，通过加热，鸡肉蛋白质被不断分解，游离氨基酸和肌苷酸等鲜味物质不断被萃取出来。

　　经过三四个小时的熬煮，各种物质的交融达到平衡，这也是炖煮老母鸡汤的黄金时间。

　　一锅鲜美的老母鸡汤，不仅能给人们补充营养、带来味觉的享受和幸福感，更是中国人心目中最具代表性的鲜味记忆。

复合调味料
应运而生

如何能留住这记忆深处的愉悦，让更多的人们在每一个平凡的日子里都获得鲜美的感受呢？

在中国上海一个仅能容身一人的狭小空间，每个人都神情专注，他们正准备接受一场关于味觉的严格测试。等待测试的人是品尝师，他们的味觉敏感度和辨识度将通过测试结果得到判定。品尝师把品尝到的每一种味道按顺序记录下来，不能有任何差错才算通过。

▼品尝师被独立分配在每个格子间中

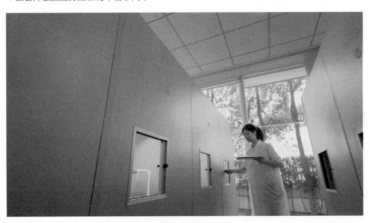

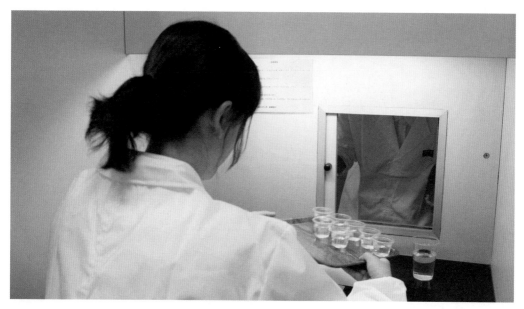

▲品尝师的味觉测试

    顾艳君是一名鲜味科学家，她的职责是开发最新的鲜味调味品。鲜味调味品的第一代产品——味精，是单一成分谷氨酸钠的结晶体，它简单直接、纯粹尖锐。

    如何能够获取层次更丰富、味觉更丰厚的鲜味调味品，是像顾艳君这样的科学家一直研究和努力的方向。

    在中国，老母鸡汤是被普遍认可的最地道的鲜味记忆，于是，鲜味科研者们尝试用鸡肉作为原料，加工制作成中国人特别有认同感的鲜味调味料——鸡精。

    蛋白质里含有鲜味物质，那么哪种食材的蛋白质里含有的鲜味物质能被大多数人接受呢？顾艳君团队比较了几十种我们常用的食品：鱼、肉、鸡蛋、蘑菇、青菜、面筋等，通过各种各样的比较筛选后，结果发现鸡肉蛋白是最好的。

    大多数食材中仅含有一种鲜味物质，蔬菜中主要含有一定的谷氨酸钠，而鱼肉中多含有肌苷酸，菌类多含有鸟苷酸。而鸡肉是少有的同时富含三类鲜味物质、并达到最佳成分配比的食材，这也是鸡肉的味道可以被世界各地的人们接受的主要原因。

    鸡精就是参照鸡肉的鲜味组合，以鸡肉为主要原料提炼加工而成的鲜味调味品。

1~4 鸡精的生产过程

　　在鸡精的制作过程中，整鸡的处置是关键，清洗后的整鸡会被送入蒸炉中蒸煮。蒸煮是一个热反应过程，除了消毒杀菌，高温还可以对蛋白质进行分解，使游离氨基酸、核苷酸等鲜味物质被彻底释放出来。

　　除了主料，辅料的添加也必不可少。洋葱和大蒜的刺激性气味能够掩盖鸡肉的腥味，增强味觉层次和丰富的鲜味口感。鸡蛋的加入不仅能增加营养成分，还可作为黏合剂，便于鸡精颗粒的最终形成。

　　每当最新口味的鸡精样品生产出来，对于能否达到人们所期望的鲜味口感，还需要最敏锐的味蕾来感受。这个环节将由顾艳君和她的品尝师团队来完成。充分溶解在水中的鸡精颗粒犹如浓缩了的鸡汤，风味与鲜味并存。这是最微妙的时刻，品尝师们聚精会神，仔细分辨。

　　相对于味精单一、纯粹的鲜味口感，鸡精的鲜味更加醇厚绵长、丰富持久，这得益于整鸡与葱、姜、蒜等辅料的合理搭配和风味融合。鸡肉的风味比较容易被工业化掌控，虽然同样是鸡精，鸡肉、全鸡和鸡骨头的风味是完全不一样的，鸡的油脂风味也是不一样的，其中全鸡的风味是最完整、最令人愉悦的。

每到周末，顾艳君都会在家里精心烧制几样小菜，并请朋友们品尝和点评。作为一名研究鲜味调味料的科学工作者，她对看似繁琐的烹饪同样热爱。对她来说，亲自动手实践会为她的研究带来源源不断的灵感，最终化繁为简。现在很多人在家里做饭，但是并不懂得很多烹饪工艺，他们希望有一种简单的调味料可以帮助实现美好的风味，复合调味料也因此应运而生。

　　当调味料从单一走向复合，搭配和组合产生极其丰富的可能，这促使科研工作者不断尝试和找寻最受大众青睐的鲜味口感。

　　有一种调味品是厨房里最常见的身影，也是主妇们再熟悉不过的烹饪必备。不过，这并非厨房一角，而是由9种天然食材和调味料组成的特殊团队，每个成员都很平凡，却将共同塑造出最新一代的鲜味调味品。当然，它们需要经过一系列神奇的转化。首先，来自发酵。

▼品尝师团队测试鸡精样品

借助一种特殊微生物发酵而成的玉米酱，富含氨基酸、多肽、核苷酸和有机酸等天然鲜味物质，它的气味鲜香浓郁，奠定了核心的鲜味基础，但想要获得最佳的口感和风味，必须依靠团队的合力。

小葱、大蒜、糖、白胡椒、蘑菇……它们的加入能够巧妙地淡化过浓的玉米酱香，令味道更富层次。

仅有植物和菌类之鲜并不算完美。鸡肉的不可或缺在于它能贡献一种肉香，让最终的鲜味口感圆润饱满。

淀粉在最后出现，它为每一粒鲜味的精华塑造最佳的形态，这直接关系到日后使用的便捷，呈现出令人愉悦的鲜味和风味口感。

这些微小颗粒的背后是来自11个国家的科学家整整10年的尝试和努力，他们将这种全部经由天然食材搭配而来的调味品命名为"原味鲜"。

从味精到鸡精，再到融合更多天然食材的调味品，人们完成了从单一鲜味到复合鲜味的升华。这不仅是人类智慧在饮食文化中的又一体现，更是人类在追寻鲜味道路上的一次质的飞跃。

时至今日，中华餐馆综合征事件已经过去了约半个世纪，人们对味精等鲜味调味品的担忧也随着对鲜味科学的深入了解而日渐消除。

日本鲜味信息中心的理事二宫久美之说："现在一些中餐馆打出'NO MSG'（不含味精）的标识，这是没有意义的。因为即使不使用这些被称为味精的调味料，很多食材本身也含有谷氨酸钠，所以这个标识是毫无意义的。"谣言总归不能替代真相，谣言也不可能对人类社会的发展产生改变，而只会让一部分人生活在恐慌当中。随着科学知识的普及，关于中华餐馆综合征的谣言也一定会烟消云散。

鲜味小结

　　我们为什么对鲜如此追求？或许因为含有鲜味的蛋白质本身就是人体的重要组成，而我们的生命从孕育的那一刻就充满了鲜。生命首先出现在妈妈的子宫里，子宫包含着羊水，而羊水也被检测出含有丰富的鲜味物质，同时妈妈的乳汁里也含有蛋白质，也有任何蛋白质都具有的鲜味物质。

　　所以对于生命的全过程，从孕育生命的第一天开始到生命的终结，鲜味始终伴随着我们。

　　如果没有鲜味科学家的不断探索和追求，如果没有近代工业的兴起和快速发展，人们可能至今仍然无法快捷方便地获取鲜味。从一百多年前的单一鲜——味精，到今天风味与鲜味并存的复合型调味品，人类的寻鲜之旅从未止步，并且正在以前所未有的探索和勇气走进一个个全新的领域。

2016年底，总导演杨晓清经朋友介绍辗转找到我。她仔细看完我之前的《布衣中国》和《赵发宣包工记》两部作品后，当即决定邀请我加入《鲜味的秘密》导演组。当然，这也是我所期待的。

不过，这将是一部耗时2年左右的大型纪录片，对导演的水平、耐力和人品都有极高的要求。为了安全起见，杨导进一步考验我："为什么想加入团队？"我说："已经好久没有重要的作品了！"这句肺腑之言，让杨导直接给我安排了两集任务，而纪录片一共才六集，这是从未有过的压力。

在此之前，我并没有美食纪录片的制作经验，尽管已经看过无数遍《舌尖上的中国》，但都是从纪录片创作本身进行研究，缺乏对食物深入、本质的认知。所以，在最初寻找案例时，偏向有人情味的美食故事，忽略了对鲜味科学内容的探索，导致方案一度偏离主题。那时，对我来说还有另外一个难题，就是如何通过画面塑造食物。一部美食纪录片，如果食物不诱人，故事再感动也无济于事，这是美食纪录片的基础。幸运的是当时一本重要的书籍——北京电影学院齐虹老师的《品类影像》问世了，这本书详细讲解了如何通过景别、光线和运动塑造出食物诱人的特质。有了这本书坐镇，我底气十足，剩下的精力便用来专心研究鲜味的秘密。

鲜对很多人来说既熟悉又陌生。我们觉得一个食物好吃，首先想到的是鲜，但什么是鲜？又难以名状。自从日本京都大学的池田菊苗教授从海带中发现了谷氨酸钠后，便彻底揭开了鲜的神秘面纱。

在我执导的第四集《活色生鲜》和第五集《鲜之精华》两集内容中，共有十个鲜味案例。其中，日本的天妇罗和中国的跷脚牛肉，给我印象最深，它们不仅代表了中日两国在鲜味追求上的差异，更是两国物产、文化和习俗深刻影响的产物。

初见日本天妇罗之神早乙女哲哉，他手里永远攥着一根电子烟，吞云吐雾如神仙般潇洒。但是，只要站在料理台前，他便会收起笑容，屏气凝神，俨然一位老成持重、稳健明锐的食神。在早乙女的手里，一个小小的油炸食物，却暗藏玄机。他对食材的处理非常精细，会去除任何可能影响口感的细枝末节。用面粉、鸡蛋和清水精细配比，制成面糊。食材多是小海鲜、蔬菜等，挂上面糊，快速炸制，外表焦香酥脆，内里鲜嫩多汁。虽是油炸，却最大程度保留食材的鲜味，其关键是对油温和炸制时间的精确把握。没有几十年的历练，实难做到极致。

这样一个看似普通的食物，却是日本美食的代表之一，还出现了一位大神级人物。这种现象在日本并不奇怪，工匠精神就是在某一点做深，而

▲拍摄日本天妇罗之神

不是追求广度，也许这与日本的地域和物产有关，资源匮乏必然导致精细
利用。

　　不过，极致的天妇罗仍然是单一的鲜味。而地域辽阔、物产丰饶的中
国，是复合鲜味的集中诞生地。

　　在四川乐山市，当地有一道名字很奇怪的美食：跷脚牛肉。初听起来
摸不着头脑，怎么叫这个名字？深入了解后，原来是纤夫用牛杂碎煮了一
锅汤，因为没有凳子，索性端着碗，脚搭在一处享用美味，因此便有了
"跷脚牛肉"的名称。跷脚牛肉最初是穷人的食物，主要食材是牛下水。

▲跷脚牛肉拍摄

随着时代推进，除了牛杂还多了新鲜牛肉，人们也开始加入更多食材，比如香菇、鸡肉等，意想不到的是，用这些食材熬出的高汤竟然获得了前所未有的鲜美口感。

鲜来自蛋白质中的氨基酸，其中谷氨酸为基本鲜。除此之外，还有鱼肉中的肌苷酸和菌类中的鸟苷酸，它们被称为协作鲜。只要三种氨基酸相遇，就会几何倍数放大鲜味。跷脚牛肉的鲜味秘密就是来自于此，不过，先辈们并不知晓，他们依靠丰富的食材外加生活经验，足以让奇迹产生，这就是浓郁持久的复合鲜味。

2年下来，纪录片《鲜味的秘密》如期完成，在这漫长的痛苦而愉快的创作过程中，我不仅品尝到美味，更了解了美味的秘密、生命的本源。美味就是营养，它们都来自蛋白质。

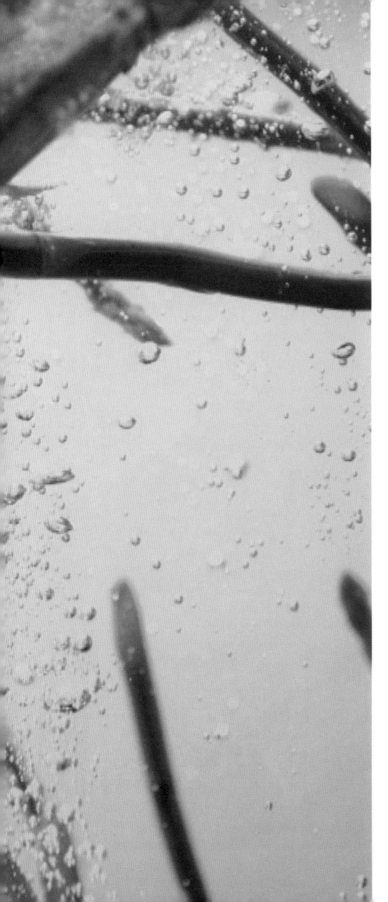

6

鲜无止境

鲜，无影无形，无法触及，却唤醒人们对生命的感知，引领人们向更美好的生活前行。人们不断打破地域和思维的疆界去寻找食材，革新烹饪、营造环境，人类的探索已走到哪里？又将去往何处？

扫一扫看精彩视频

充满未知的找寻

　　"往左边飞一点，再高一点，好。"

　　"那边会好一点吧，往东边飞一点。"

　　"这边的植被要少，我感觉这片山日照够，树林也不是太密集，就去这个地方，应该可以找到，出发去这里！"

▼苏启胜与同伴利用无人机勘探植被情况

▲无人机在空中"执行任务"

　　12月的云南，气候温和少雨，苏启胜与同伴来到距离昆明市区100公里的连塘山，为的是寻找一种被誉为"餐桌上的钻石"的食用菌。无人机可以勘探植被的整体分布情况，更精准地帮助苏启胜确定寻找范围。这个季节，云南各种野生菌都已销声匿迹，唯独这种菌子在夏季储存能量，在冬季奉献果实。

　　苏启胜寻找的是附着于松树根下的茎块菌类，颜色与土质相近，一般又藏匿在松针和腐烂树叶掩盖的地表下，肉眼几乎难以辨识。

　　松露其貌不扬，也并不为亚洲人所青睐，但欧洲人却将其与鹅肝和鱼子酱并称为"世界三大珍馐"。早在公元前3000年，古巴比伦人就已经在寻找松露了，而它盛行于上流社会的欧洲则始于17世纪。

　　松露在欧洲真正被充分重视是在文艺复兴之后，以法国为代表。当时的松露被认为具有美容作用，吃了以后可以心情愉快，还有吸引异性的作用。

　　在欧洲一些国家，找寻松露需要借助训练有素的猎狗，如果没有猎狗，则只能依靠极其丰富的经验，而从事这一职业的人则被称作松露猎人。具有多年丰富经验的人才能采到松露，而一般人即使脚下踩到松露都不知道。

▲被誉为"餐桌上的钻石"的松露，12月份是松露的成熟期

▲松露具有像大理石一样的花纹，闻起来很香

松露必须借助树根和土壤之间的共生关系才能进行光合作用，获取养分。它对生存环境的要求极为苛刻，任何细微的变化都将导致松露无法生长。在阳光能够晒到的丛林里才会有松露。

中国的松露分布在四川、云南两省的部分地区，价格与欧洲顶级松露相差甚远，但依然不失为人间美味。这种黑色本体中透着白色筋脉的块状菌类，富含多种维生素和鲜味氨基酸，近年来，松露已被更多的中国人了解，逐渐成为中国餐桌的新宠。

苏启胜在昆明经营一家以食材奇特著称的餐厅，今年是他上山挖松露的第17个年头。他亲自采集的食材并不能作为餐厅供应的有力补充，采集的目的大多是为了解食材的生长环境。对于苏启胜而言，只有对食材进行深入的认识，才能把最鲜的味道提供给食客。

冬季的食用菌交易市场不比夏季热闹，市场中难觅新鲜野生菌的踪迹。大自然似乎平衡着对人类的馈赠，从不争奇斗艳的松露始终保持着自己的生长节奏，只在冬天隆重登场。

　　松露的大小不同，身价也不同。一颗直径5厘米的松露可以卖到每千克1000元。苏启胜自然不会放过获得极鲜食材的机会。

　　喝泉水、吃山珍长大的藏香猪，生长在海拔3000~4000米的高原地带，鲜味氨基酸含量极高。

　　将蒸好的云南传统五色糯米饭配以存放3年的藏香猪火腿，并用松露最后点睛，开中火蒸2分钟，火腿中的氨基酸与松露中的核苷酸鲜味相乘，足以引爆味蕾。

1　云南传统五色糯米饭
2　藏香猪火腿
3　最上面撒以松露

苏启胜请来一位特殊的客人品尝他的新菜。宁眺是云南昆明学院农学院的博士，和苏启胜一样，她也喜欢探寻食材的奥秘，只不过是在更奇妙的微观世界。苏启胜研发新菜期间，宁博士正在进行一项科学实验——检测松露等18种野生菌的氨基酸成分。松露的鲜味实际上是由它的氨基酸、核苷酸以及有机酸这三大类物质决定的，氨基酸分析仪可以帮助我们解释松露里面到底有哪些氨基酸，以及它们的含量和成分是多少。

从18种氨基酸成分分析中可以看出，松露的鲜味氨基酸与甜味氨基酸含量均名列前茅。甜味对鲜味的释放有增效作用，这也正是松露在鲜味的呈现方面表现出众的原因之一。

云南地处低纬度、高海拔地区，气候的区域差异和垂直变化十分明显，是全球植物多样性最丰富的地域之一。在世界上已知的2300多种食用和药用菌当中，仅云南就独占了882种。整个云南犹如一座超级菌山，但被我们认知的还只是冰山一角。

要将全部的菌类进行科学分析是一项巨大的工程。在宁博士已做的实验中，有一种菌子的鲜味和甜味氨基酸含量可与松露比肩。但在电子舌实验中这种菌子的鲜度值却远不及松露。电子舌是模仿人类舌头的仪器，通过感应食材、分析鲜味成分，最后用科学数据判定鲜度的大小。松露的鲜度值本身就高，因此生食或轻微加热即可食用。这种菌子的鲜度值较低，内在鲜味氨基酸含量虽高，但如果不经过烹饪加工，鲜味就很难被释放出来。这也是人们需要根据不同食材选择不同烹调方式的主要原因。鲜从蛋白质当中产生，分解得越彻底，鲜味就越明显。

被誉为"香菇之王"的大红菌，在非时令季节用液氮极速冷冻，依然能锁住新鲜。与鲜并存的还有它的毒性。苏启胜制作的大红菌炖鸡是从父亲那里学来的，将半勺猪油放入烧热的土锅，加入大蒜翻炒出香味（大蒜是去毒的关键，但应注意发黑的大蒜具有毒性），然后依次加入鸡肉和大红菌翻炒，加水没过食材，中火炖煮半小时，保证大红菌的毒素彻底分解。汤色渐渐变红，汤汁中的鲜味氨基酸与核苷酸发生鲜味协同作用，令人垂涎欲滴。

与河豚不同的是，科学上对大红菌的毒理并没有确切的定论。在探求美食的道路上，实践有时会走在理论前面。仅仅为了尝一口鲜，人类甘愿冒中毒的风险，可见美味的诱惑实在难以抵挡。

苏启胜又一次踏上找寻之路，这趟目的地是距昆明600公里的中缅边境小镇——孟连。

　　每一次的找寻都是未知数，可能一无所获，也可能满载而归。正是无数次的寻鲜之旅，不为人知的食材才有机会走进人们的视野。而物流保鲜技术的进步，更拉近了世界各地的食材与厨房之间的距离，让今天的我们面对"吃什么"的时候，可以有更多的选择。餐桌上摊开的将是一张永远也写不尽的菜谱。

▼大红菌

▼大红菌炖鸡

打破地域界限

物流业的高度发展，让人们的餐桌变得更加丰富。首都机场每天都会降落数架专门运输海鲜的航班，这些海鲜总是在最短的时间内被发往北京的各大海鲜批发市场。

每天凌晨四点，北京三源里菜市场海鲜摊主张保佳都会准时出发去海鲜市场进货。4年前，他与妻子一起接过岳父母经营了30年的水产生意。这里汇聚了世界各地的顶级海鲜。身经百战的张保佳对于这些食材如数家珍。

张保佳每天都要去菜市场，像打仗一样来回跑，饭店都是每天只订当天的货，这样才能保证食材的新鲜，所以每天接到饭店的订单，第二天张保佳就来海鲜市场进货。

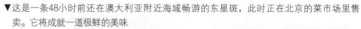
▼这是一条48小时前还在澳大利亚附近海域畅游的东星斑，此时正在北京的菜市场里售卖。它将成就一道极鲜的美味

▲北京著名的三源里菜市场

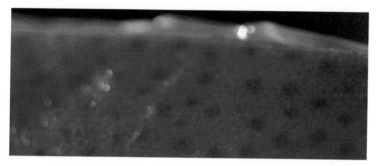

▲东星斑身上布满形似星星的斑点

　　每天早上七点半之前，张保佳必须要赶回三源里菜市场。此时，妻子刘陆凝正在与伙计一起摆放摊位，等待丈夫。三源里菜市场南北只有一条通道，面积仅有1560平方米，却是京城名号最响的菜市场之一，因为在这里你可以买到几乎来自世界各地的新鲜食材。

　　盛海鲜的容器里都会放个盐度表，用来测量海水的盐度是否合适，盐度太高或太低都不行，否则海鲜很容易死掉。盐度在16‰或17‰是正常的。水温的话，螃蟹要保持在7℃左右，龙虾澳龙等则要稍微高一点，保持在12℃左右。

　　从水的温度到盐度，都需要尽量还原海鲜的生长环境，这样才能最大限度地保持新鲜。东星斑因身上布满形似星星的斑点而得名，品质最优的东星斑通常来自澳大利亚，其体内含有大量的氨基酸与核苷酸，简单的烹饪加工就可以释放出鲜美的滋味，只需去除内脏，清蒸，即可上桌。

　　十几年间，中国人的餐桌发生着惊人的变化。曾经束缚着食材来源的地域界限被不断突破，这一切的背后是冷链物流技术的高度发展和有力支撑。

除了鲜活的生猛海鲜，市场上另一部分区域则被冰鲜和冻鲜占领。它们是针对那些出水即死的深海海鲜而专用的保存方式，冰鲜是直接用冰给海鲜降温保鲜；冻鲜则是将海鲜整体冷冻，比冰鲜的保鲜期更长。但常规的冷冻会破坏海鲜中的营养成分，因此，为了保证营养不流失，人们改变了冷冻方式。

　　以一条鱼为例，传统的冷冻过程由外到内，在慢速冷冻过程中，鱼肉细胞内自由水析出冻成冰晶，刺破细胞膜造成大量细胞内成分流失。而采用快速冷冻技术，可在瞬间将细胞整体冻住，最大限度地锁定肉质中的营养成分。

　　无论是鲜活的帝王蟹还是冷冻帝王蟹，在今天的市场里都可以轻松买到。冷冻帝王蟹在帝王蟹捕捞上岸之后就立刻烹煮，再将其瞬间冷冻，在锁住鲜味的同时，也保证了其鲜美的口感与活帝王蟹不相上下。

　　刺身帝王蟹、生滚海鲜粥、芝士烤、泰式咖喱炒……给人类一只蟹，他们就可以变换出视觉、嗅觉、味觉各不相同的无穷美味。当"吃什么"不再是首要考虑的问题时，"怎么吃"便成了人类追求的又一目标。

1 生滚海鲜粥
2 芝士烤
3 泰式咖喱炒

对美食的全新探索（一）
——分子料理

　　泰国首都曼谷坐落在肥沃的湄南河冲积平原上，这座"天使之城"一直是享乐主义者的天堂。在这个可以跟着味蕾游走的城市，主厨普（Pu）将运用全新的烹调方法，探索传统泰餐呈现方式上的新样态。

　　咖喱虾是经典的泰式料理，将切好的龙虾肉与咖喱同炒而成。但普的制作方法与众不同，她将用一种近年来新兴的烹饪方式——分子料理对咖喱虾进行改良。区别于传统料理的煎炒烹炸，分子料理更像一场实验。

▼用高温枪烘烤虾肉

1 将辣椒和芹菜混合搅打
2 用辣椒与芹菜制成的原汁原液
3 原汁原液在水中球化
4 将"鱼子酱"与龙虾肉一同摆盘

　　煮是一种传统的烹饪方法，但在分子料理中对煮的理解却有不同。将龙虾肉放置在65℃的恒温水槽中煮10分钟。在真空隔水状态下低温水煮，这样不会破坏龙虾细胞中的氨基酸与核苷酸，同时龙虾中的水分和其它营养物质不会流失到水中，最大限度地保存了龙虾原有的鲜味和口感。高温枪烘烤使虾肉更具弹性，能增加香气。

　　传统咖喱虾中的配料辣椒与芹菜也会像变魔术般改头换面，它们将被制成一种特殊的"鱼子酱"。将原汁原液滴入放有溶剂的水槽中，使芹菜和辣椒同时带有鱼子酱般的口感，又不失本身的营养与味道。这就是分子料理中常见的球化技术。最后摆盘，放入咖喱酱。

　　用冰冻的苏打水将虾肉洗净，淋上鱼露浸泡入味。鱼露呈琥珀色，以小鱼虾为原料经过一年半的时间发酵而成，在东南亚地区的料理中较为常见。鱼露对鲜味最重要的贡献是谷氨酸钠，每100克中就含有约700毫克的游离氨基酸。

　　将酸汤酱、鱼露、椰浆、柠檬、芹菜叶和蜂蜜放入搅拌

▲分子料理龙虾"鱼子酱"

机中打碎，再放入破壁机中。高转速打破了食材中的细胞壁，蛋白质充分分解成游离氨基酸和多肽。鱼露中的鲜与酸、甜、咸调和增强鲜味，这是分子料理中的破壁技术。氮气在液体状态下的温度为零下196℃，它使搅拌液的表面瞬间冷冻，也使液体所含大部分的氨基酸成分瞬间凝固，最大限度地锁住营养。

2006年，分子料理被正式定义，但这种令人脑洞大开的料理方式从诞生之初就充满争议。它的出现似乎把人类对食物的认知推向一个理性的高峰，同时又带来更多感性的心理愉悦。有人说，它像食物香水，华而不实。也有人说，它是美食烹饪的革命。尽管褒贬不一，但它至少是人类对美食追求的全新尝试。正是这种不断尝试，才使人们感受到更多食物背后的秘密。

对美食的全新探索（二）
——花艺与美食

　　在曼谷市区中心有一条幽静的小道，这里隐藏着一个世外桃源。萨库（Sakul）是当地最著名的花艺师之一，他已为泰国皇室工作了10年。

　　2012年萨库建立了自己的花卉博物馆，希望可以让更多的人学习花文化。5年后，他又有了新的想法。他希望不断把花艺文化叙述成故事，通过食物的方式呈现。

　　博物馆旁有间面积不大的餐厅，花的元素随处可见。这是一位花艺师对美食艺术般的想象：让鲜花成为每道菜品中不可或缺的一部分。餐厅将在两周后正式营业，但萨库的菜单上还差两道菜没有最终确定。他决定用花园中的鲜花做一道凉菜。

▼泰国花艺

▲可食用的鲜花素材

▲鲜花的艺术拼盘

　　萨库将13种可食用的鲜花用艺术拼盘的方式呈现出来。在他看来，料理和艺术的结合是他表达菜品的绝佳方式，二者缺一不可。萨库希望将大自然最美的部分按照人类的想法讲故事并呈现出来，以实现人与自然的沟通交流。

　　目前，科学上并没有对全部的食用花卉进行氨基酸成分检测，但就已知的数据分析，鲜花的鲜味氨基酸含量普遍较低。也许鲜花作为食材吸引人的，更多还是它赏心悦目的外表和沁人心脾的香气。花入馔，一增色，生香，有趣味，此外还有药用。它是一种对自然的亲近，是一种对生活的情趣。

　　最后一道菜是经典的泰式料理——冬阴功汤。传统的汤汁由柠檬叶、香茅、姜和红辣椒作为主要配料，用柠檬汁、鱼露和盐调味，最后放入青虾熬煮制成。青虾中的核苷酸和鱼露中的谷氨酸钠融合，形成复合鲜味。柠檬汁可以微量调节汤汁的pH，适度的酸味可去腥解腻，使青虾肉质更加细嫩，鲜和香最终构成一道独特的东南亚料理。

但在萨库看来，这道菜的重点不在于如何制作冬阴功汤，而在于如何呈现。萨库找工匠定制了一套特殊的餐具，他将煮好的青虾单独盛出，将月亮花切小块放入瓷杯中。汤汁盛入提壶，在漏斗中放入香茅、柠檬叶、红辣椒，用煮好的汤二次汆烫配料。

　　在开业前夕，萨库请来自己的朋友品尝他的最新创意。在萨库看来，他的创意并不是只吃鲜花，同时还要具备形状、味道、香味、声音和互动，并且有心灵的感受。所以他的菜品除了需要颜值高、味道好以外，客人的肚子可以填饱，心灵也能得到满足。

▼萨库找工匠定制的特殊餐具

▼将汤汁通过提壶倒入漏斗中，这个融合过程使得汤很香很美味，因为热气会把新鲜的泰式料理的香气带出来，非常香。还有鲜花一起品尝

对美食的全新
探索（三）
——感官餐厅

　　如今，不同饮食文化间的地域界限逐渐模糊。人们正在不断发挥着自己的想象，创造出更多样态的食物，从而提升感官体验，这是建立在味道之上的更高级的精神享受。吃，开始变得更具仪式感。对美食的享受是人类的基本需求，环境是至关重要的。因为只有在这个环境之中，才能使身心放松，所有感觉进入到一种自然、优柔的状态。这时美食就不再只是盘子里的东西了，而是美好生活的体现。

　　全球第一家感官餐厅位于中国上海，它非常神秘，在对外公布的地址上只写道"上海的某个地方"。餐厅只有一张餐桌，每天供应一顿只有10人享用的晚餐，每道菜品也都被量身定制了相应的主题情境。

▼保罗所使用的食材——法国黑松露

▲松露片覆盖在面包上

▲在容器中炙烤

餐厅现有的三套菜单60道菜品，全部出自保罗（Paul）之手。其中有一道制作非常简单但却要求极其精准的菜品——松露炙烤面包，这也是唯一一道同时出现在三套菜单中的菜品。这道菜对保罗来说非常重要，因为它虽然看起来非常简单，但保罗却用了10年时间才意识到应该将它做成一道菜。

在全球已知的100余种松露中，保罗所使用的法国黑松露品质最高。

当一块蘸满鸡蛋酱的面包配上几片黑松露时，便实现了它的华丽转身。

这道简单的菜品让我们远离了城市的喧嚣，回归最初的宁静。

这道菜品有一点浪漫、怀旧的感觉。但它不是明快的，而是有些忧伤，松露很容易让人联想到森林，不仅如此，它还饱含了泥土的气息。于是在这种森林的情境里，食客很容易被吸引，他们会把菜品和用餐情境相关联，而这在其它餐厅里是感受不到的。不出30秒，客人们便仿佛置身于森林之中，无需再环顾四周。

保罗始终认为，品尝食物不仅与味道本身有关，配有灯光、音效、乐曲、香氛的用餐情境也会加强人们对食物味道的感知。这些除了味觉之外，但却足以影响味觉认知的其它因素，被称之为心理味觉。

坐在情境之中，人的全部感官被调动起来。这时大脑的杏仁核做出评估，感知身处情境带来的喜悦，此时中脑开始释放多巴胺细胞，这些细胞促使人们产生强烈的欲望和动机。最后，大脑将这种欲望和动机传送给前段的额叶，由额叶做出人们吃下去的决定。因此，在餐厅情境的烘托之下，再去体验面前的食物，人们的感知会成倍增加。

▼用餐时的情境

事实上这种感知在人类文明的源头就已经开始了，篝火烤炙成为人类学会的第一种烹饪方式，扑鼻而来的烤肉香气促使人们吃下了第一口熟肉，并记下了这种味道。

　　眼睛看到肥瘦相间的牛排，耳朵听到水分从脂肪中破出的吱吱声，鼻子闻到散发在空气中的烤肉香味，在入口之前，人们已经不自觉地联想到了这块肉的味道。人们完成了一次难忘的美食体验，并在大脑中留下记忆。当人们再次想起自己喜爱的某种食物时，心理味觉便会产生。

鲜味小结

　　情境与菜品的结合加强了人们对食物味道的感知，从而产生超越味道本身带来的愉悦情感。人们努力推倒障碍，挖掘食物的味道，并依靠大脑，结合心理味觉对人们的体验做出评估，在食物的味道以及饮食方式的体验中不断重复着创造、保留、再创造的过程。

上千年来，鲜味被世世代代的厨师和掌勺主妇们创造着，人们每天都在品尝着鲜，却很难说清楚鲜为何物。这似乎是一种难以言表的味觉感受。事实上，自人类诞生之初，鲜就与我们相生相伴。它是人类在荒野丛林中脱颖而出的制胜法宝，也是人类在进化过程中构建文明的隐形推手。

一百多万年前，茹毛饮血的人类祖先在火烤中尝到鲜味，进而开始了熟食，体格的强健和智力的提升使人类赢取了演化赛跑的最终胜利。

一万多年前，陶器的发明促成了一种全新的烹饪方式——水煮。正是这种伟大发明让人类喝到了第一口汤。这种来自水溶性蛋白的鲜美滋味通过口腔中的味蕾细胞传送到大脑，并被深深印刻进人的味觉记忆，也由此开启了人类数千载的寻鲜之旅。

与时间赛跑，在大自然中捕捉转瞬即逝的天然之鲜。洞悉发酵的奥秘，化腐朽为鲜美。活色生鲜的各种烹饪，利用热力释放鲜味小分子。而灵动的搭配可以创造出魔术般的神奇变幻。从小鸡炖蘑菇到龙虾鱼子酱，从英国爱丽思卡岛上三文鱼和海藻的美妙搭配，到中国福建组合了山珍海味的佛跳墙，人类从未停止让鲜味万千变化的可能，并不断刷新着对鲜味的认知，以获得更高层级的鲜味体验。

日本汤豆腐中的海带之鲜，终于使人类在分子层面揭示了鲜味的秘密，进而发明了第一个鲜味调味料——味精。而中国人则从醇厚传统的老母鸡汤中获得灵感，创造出更富营养和多层风味的复合型调味料——鸡精。

人类用了数千年时间，终于对鲜味完成了从味蕾体验到大脑认知的全过程。而从事鲜味研究的科学家们，从未停止向更深邃广阔的鲜味领域探索，为使人类能够品尝到更多营养安全的美妙滋味，不断创造着源于自然、又高于自然的鲜之精华。

鲜，主要是蛋白质的滋味，也是食物营养和蛋白质优劣的标尺。它不仅仅是一种味道，还承载着不同地域间厚重的饮食文化，为人类的生存和发展提供动力和能量。它是品质生活的象征，更是人类文明进程中一颗追求健康美好的初心。